Impressum

© 2024 Niklas Geyer

Verlagslabel: Geyer Security Consulting

Druck und Distribution im Auftrag des Autors:

tredition GmbH, Heinz-Beusen-Stieg 5, 22926 Ahrensburg, Germany

Inhaltsverzeichnis

1. Recht der öffentlichen Sicherheit und Ordnung

1.1 Elemente des Staates

- Staatsgebiet (Alles innerhalb der Staatsgrenze) 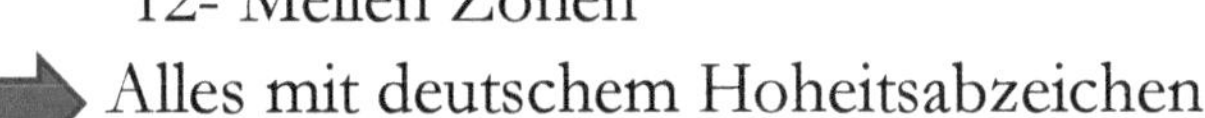
  - Flugzeuge, Schiffe, Botschaften, Konsulate, 12- Meilen Zonen
  - → Alles mit deutschem Hoheitsabzeichen
- Staatsvolk (Staatsbürger)
  - Personalausweis/ Reisepass = Staatsbürger
- Staatsgewalt (Form der gebildeten Regierung)
  - z.B. Demokratie, Diktatur, Monarchie, Fürstentum

1.2 Gewaltenteilung (Artikel 20 Grundgesetz)

- Horizontale Gewaltenteilung
1. Legislative = Gesetzgebende Gewalt
   - ➢ Bundestag, Bundesrat, Landtag
2. Exekutive = Ausführende Gewalt
   - ➢ Behörden, Polizei, Staatsanwaltschaft
3. Judikative = Rechtsprechende Gewalt
   - ➢ Richter, Gerichte

Zweck: Durch gegenseitiges kontrollieren wird Machtmissbrauch verhindert.

- Vertikale Gewaltenteilung = Föderalismus
  - ➢ Bund: Verteidigung, Einkommenssteuer, Währung
  - ➢ Länder: Bildung, Polizei, Justiz
  - ➢ Gemeinde/Städte: Kitas, Müllgebühren, Bauwesen

Zweck: Verteilung der Aufgaben und Berechtigung von oben.

1.3 Gewaltmonopol des Staates

Im Prinzip ist es nur dem Staat gestattet, Gewalt als letztes
Mittel anzuwenden! In Ausnahmefällen kann jedoch auch ein
Individuum das Recht haben, das Gewaltmonopol zu brechen.
- ➤ Im Rahmen des Jedermannsrecht
- ➤ Im Rahmen der Selbsthilfe
- ➤ Im Rahmen der übertragenen Selbsthilfe
- ➤ Staatliche Beleihung kraft gesetzlicher Übertragung
  z.B. Personenkontrolle am Flughafen

➡ Der Staat hat kein Monopol auf Sicherheit

1.4 Rechtsgebiete/ Rechtsarten der BRD (Rechtssystem)

- ● Öffentliches Recht

Regelt die rechtliche Beziehung zwischen Bürger und Staat,
wobei Bürger dem Staat unterstellt sind.
- ➤ Subordinationsprinzip

Gesetze: StGB, WaffG, BtMG, GewO, BewachV, …
- ● Privatrecht/ Zivilrecht/ Bürgerliches Recht

Regelt die Rechtsbeziehung zwischen Bürgern, Firmen und
Vereinen, wobei die Parteien einander gleichgestellt sind.
- ➤ Koordinationsprinzip

Gesetze: BGB, HGB, AktG, UrhG, …

1.5 Rechtsfolgen

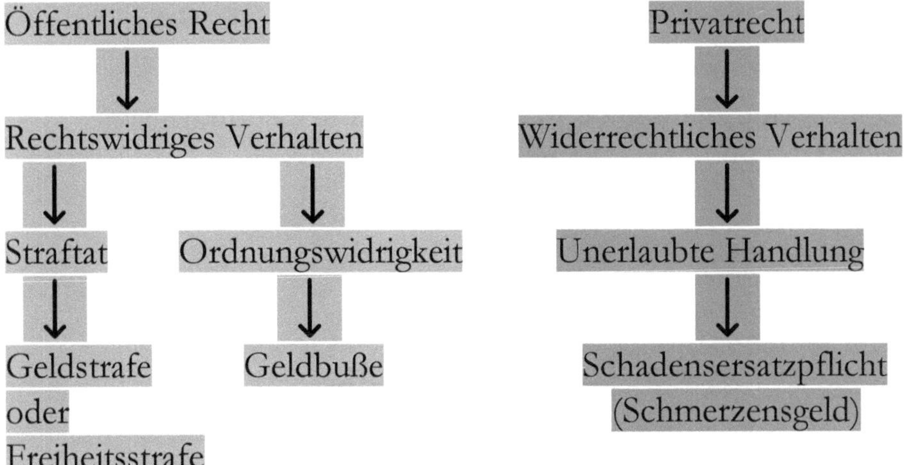

1.6 Hoheitliche Rechte

Hoheitliche Rechte sind Rechte die nur der Staat hat! Wie:
- o Durchsuchung von Personen und Sachen
- o Identitätsfeststellung/ Sicherstellung
- o Verkehrskontrollen/ Verkehrsregelungen
- o Beschlagnahme/ Verhaftung/ Platzverweis

1.7 Public Private Partnership (PPP)

… ist eine vertraglich vereinbarte Kooperation zwischen staatlichen Einrichtungen und privaten Unternehmen in einer Zweckgemeinschaft! (z. B. Sicherheit, Betreibermodelle, Straßenbau)

Im Gegensatz zum Subordinationsprinzip tritt der Staat in das
Koordinationsprinzip, wobei es sich um fiskalisches Handeln
handelt oder der Staat als Fiskus bezeichnet werden.
(z. B. Leasing-, Miet- oder Kaufverträge)

1.9 Kann man Grundrechte einschränken?

Ja, aber nur aufgrund eines bestehenden Gesetzes.
➡️ Auch Gesetzesvorbehalt genannt
(z.B. Freiheit = Freiheitsstrafe, Eigentum = Beschlagnahme)
Ausnahme: Menschenwürde, Gleichheit vor dem Gesetz

1.10 Aufgaben der Sicherheitsbehörden

Die Aufrechterhaltung der öffentlichen Sicherheit und
Ordnung, durch Abwehr von Gefahren und Unterbindung und
Beseitigung von Störungen!

Rechtsgrundlage: LStVG (Landesstraf- und Verordnungsgesetz)

1.11 Sicherheitsbehörden in Bayern

> - Innenministerium
> - Regierungsbezirke
> - Landkreise ⟶ Landratsämter
>   Kreisfreie Städte ⟶ KVR
> - Gemeinden und Städte

- Gefahrenabwehr (PAG)
- Strafverfolgung (StPO)
- Verfolgung von Ordnungswidrigkeiten (OwiG)

1.13 Definition Recht

„Recht" ist die Gesamtheit aller…
- Gesetze
- Verordnungen/ Satzungen
- Normen/ Richtlinien/ Allgemeinverfügungen
- Gerichtsurteile sowie Gewohnheitsrechte,
damit die Menschen friedlich zusammenleben können.

1.14 Arten von Rechtsgütern

- ➢ Recht auf Leben
- ➢ Recht auf körperliche Unversehrtheit
- ➢ Recht auf Freiheit
- ➢ Recht auf Ehre
- ➢ Recht auf Eigentum
- ➢ Recht auf eigenes Bild
- ➢ Recht auf eigene Stimme
- ➢ Urheberrecht
- ➢ Patentrecht
- ➢ Namenrecht
- ➢ „Hausrecht"

Grundrechte

1.15 Verfassungsprinzipien (Art. 20 GG)

- Demokratie (Alle Staatsgewalt geht vom Volke aus)
- Sozialstaat (Hilfe für sozial Schwächere und Bedürftige)
- Rechtsstaat (Keine Strafe ohne Gesetz)
- Bundesstaat (Bundesländer [16] = Föderalismus)
- Gewaltenteilung (Horizontal/ Vertikal)
- Widerstandsrecht

1.16 Arten von Grundrechten

1. Menschenrechte gelten für alle Menschen auf dem Staatsgebiet der Bundesrepublik Deutschland (BRD)
   → Recht auf Leben, Recht auf Freiheit, Recht auf Eigentum
2. Bürgerrechte gelten nur für alle Staatsbürger der Bundesrepublik Deutschland (BRD)
   → Wahlrecht, Freie Berufswahl, Versammlungsfreiheit

Grundrechte sind Abwehrrechte des Bürgers gegenüber dem Staat und dienen dem Schutz vor Willkür und Verfolgung.

1.17 Ordentliche Gerichtsbarkeit

- Amtsgericht   → Bundesverfassungsgericht
- Landgericht
- Oberlandesgericht
- Bundesgerichtshof

> Oberste Instanz in Verfassungsfragen

1. Schutz der Menschenwürde
2. Freiheit der Person
3. Gleichheit vor dem Gesetz
4. Glaubens- und Gewissensfreiheit
5. Freie Meinungsäußerung
6. Schutz der Ehe und der Familie
7. Elternrechte, staatliche Schulaufsicht
8. Versammlungsfreiheit
9. Vereinigungsfreiheit
10. Brief- und Telefongeheimnis
11. Recht auf Freizügigkeit
12. Freie Berufswahl
12a. Wehrdienst/ Zivildienst
13. Unverletzlichkeit der Wohnung
14. Eigentumsgarantie
15. Überführung in Gemeineigentum
16. Staatsangehörigkeit, Auslieferung
16a. Asylrecht
17. Petitionsrecht
18. Aberkennung von Grundrechten
19. Rechtsweggarantie

1.20 Artikel 104 GG

- Einschränkung der Freiheit nur durch Gesetz
  → Keine seelische und körperliche Folter o.Ä.
- Zulässigkeit und Dauer der Freiheitsentziehung liegt im Ermessen des Richters
- Ohne Gerichtsbeschluss darf die Polizei niemanden länger als bis zum Ende des Tages nach der Festnahme festhalten.

Vorführung beim Haftrichter:

→ Jeder Festgenommene, bei dem der Verdacht einer strafbaren Handlung besteht, ist spätestens am Folgetag nach der Festnahme dem Haftrichter vorzuführen.

→ Entscheidung über Haftbefehl oder Freilassung

Ein Angehöriger oder eine Vertrauensperson des Festgenommenen muss sofort kontaktiert werden, bevor der Richter entscheidet.

2. Gewerberecht

Gewerbeordnung

2.1 Wichtige Gesetze/ Verordnungen im Bewachungsgewerbe

- Gewerbeordnung (GewO)
- Bewachungsverordnung (BewachV)
- Bundeszentralregistergesetz (BZRG)
- Bewacherregisterverordnung (BewachRV)

2.2 Grundsatz der Gewerbefreiheit

Jeder hat das Recht ein Gewerbe zu eröffnen und zu betreiben!

2.3 Definition „gewerbsmäßig"

Es muss…

- eine selbstständige Tätigkeit sein
- eine Gewinnerzielungsabsicht vorhanden sein
- eine fortgesetzte, dauerhafte Tätigkeit sein
- legal sein

2.3 Definition Bewachung

Wer gewerbsmäßig Leben oder Eigentum fremder Personen bewachen will, bedarf der Erlaubnis (Bewachungserlaubnis) der zuständigen Behörde (Gewerbeamt) – Aktive Obhutstätigkeit

2.4 Definition Selbstständigkeit

Auf…

- eigenen Namen
- eigene Rechnung
- eigenes Risiko

2.5 Voraussetzungen/ Gründung eines Bewachungsunternehmens (Bewachungserlaubnis)

- Mindestalter 18 Jahre
- Erforderliche Zuverlässigkeit
- Sachkundeprüfung nach §34a der GewO
- Geordnete Vermögensverhältnisse
- Haftpflichtversicherung

2.6 Erforderliche Zuverlässigkeit

Liegt in der Regel nicht vor, bei…

- Mitgliedschaft in einer verbotenen Partei (weniger als 10 Jahre verstrichen) z.B. KPD, SRP
- Mitgliedschaft in einem verbotenen Verein (weniger als 10 Jahre verstrichen) z.B. Wiking Jugend, Wehrsportgruppe Hoffmann
- Mitgliedschaft oder Verfolgen einer verfassungsfeindlichen Vereinigung, Organisation, Bestrebung (weniger als 5 Jahre verstrichen) z.B. Reichsbürger

- Bei folgenden Straftaten (Seit Eintreten der Rechtskraft 5 Jahre noch nicht verstrichen):

$\longrightarrow$ Verbrechen grundsätzlich

$\longrightarrow$ Vergehen (StGB-Auszug) $\longrightarrow$ Nebenrechtsgesetze

    > Körperverletzung   - Betäubungsmittelgesetz

    > Freiheitsberaubung   - Waffengesetz

    > Diebstahl   - Sprengstoffgesetz

    > Betrug   - etc.

    > Hausfriedensbruch

$\longrightarrow$ Staatsschutzgefährdende oder gemeingefährliche Straftaten

2.7 Ablauf Zuverlässigkeitsprüfung bei Behörden

$\longrightarrow$ Über Postleitzahl automatische Meldung an die für den Wohnort zuständige 34a Behörde (Landratsamt, KVR)

- Unbeschränkte Auskunft aus dem Bundeszentralregister
- Abfrage der zuständigen Staatsanwaltschaft/ Gerichte
- Abfrage der örtlichen Polizeidienststelle
- Abfrage Verfassungsschutz
- Abfrage Landeskriminalamt (LKA)
- Auskunft Ausländerzentralregister

Erst wenn die Freigabe im Bewacherregister gegeben ist, ist ein operativer Einsatz im Unternehmen möglich!

Wird in der Realität oft anders gehandhabt ist aber strafbar!

2.8 Voraussetzungen für Bewachungspersonal

- Mindestalter 18 Jahre
- Erforderliche Zuverlässigkeit
- 40- Stündiges Unterrichtungsverfahren der IHK

2.9 Sachkundepflichtige Tätigkeiten

- Kontrollgänge im öffentlichen Verkehrsraum oder in Hausrechtsbereichen mit tatsächlich öffentlichem Verkehr
- Schutz vor Ladendieben
- Bewachungen im Einlassbereich von gastgewerblichen Diskotheken
- Bewachungen von Asylaufnahmeeinrichtungen in leitender Funktion
- Bewachungen von zugangsgeschützten Großveranstaltungen in leitender Funktion

2.10 Inhalte der GewO + BewachV

GewO -> Gewerbetreibender
BewachV -> Gewerbetreibender + Wachperson

Regelt Rechte und Pflichten des Gewerbetreibenden und der Wachperson.

GewO	BewachV
-Definition Bewachung	-Zweck der Unterrichtung,
-Erforderliche Zuverlässigkeit	Sachkundeprüfung
-Gründung einer	-Dienstanweisung
Bewachungsfirma	-Dienstkleidung
-Sachkundepflichtige	-Bewacherausweis
Tätigkeiten	-Nameschild
-Bewachungserlaubnis	Kennschild
	-Aufbewahrung von
	Waffen und Munition

Rechtsfolge bei Verstößen: Geldbuße (ggf. Entzug der Bewachungserlaubnis) Verstöße gegen die GewO/BewachV sind Ordnungswidrigkeiten! Bei beharrlicher Wiederholung des Verstoßes sogar eine Straftat.

Bewachungsverordnung

2.11 Befreiungsregelungen Unterrichtung/ Sachkundeprüfung

Höherwertige Qualifikation

- Fachkraft für Schutz und Sicherheit
- Geprüfte Schutz- und Sicherheitskraft
- Servicekraft für Schutz und Sicherheit
- Werkschutzfachkraft
- Werkschutzmeister

Ausnahme Unterrichtung: 31.03.1996 in Bewachungstätigkeit
Ausnahme Sachkundeprüfung: 01.01.2003 3 Jahre in SKP
Tätigkeit

Mittlere Laufbahnprüfung bei…

- Polizeivollzugsdienst
- Justiz
- Zoll (Dienst mit Waffe)
- Feldjäger
- Studium der Rechtswissenschaften
  (+UVV, UmM, Sicherheitstechnik) Extra Prüfung!

2.12 Pflichtangaben Bewacherausweis

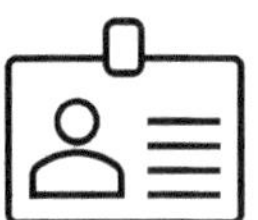

- Name und Vorname der Wachperson
- Name und Anschrift des Gewerbetreibenden
- Unterschrift der Wachperson und des
  Gewerbetreibenden 
- Bewacherregisteridentifikationsnummer der Wachperson
  und des Gewerbetreibenden

1. Der Bewacherausweis ist in Verbindung mit einem
Personalausweis oder Reisepass mitzuführen
⟶ Je nach Anmeldung im Bewacherregister
2. Der Ausweis muss bei allen Bewachungstätigkeiten
mitgeführt werden und auf Verlangen der zuständigen Behörde
vorgezeigt werden (Polizei, Zoll, Gewerbeamt)
3. Der Bewacherausweis hat sich deutlich von amtlichen
Dienstausweisen zu unterscheiden!
Vorsicht vor Amtsanmaßung

1. Die Dienstanweisung muss den Hinweis enthalten, dass die Wachperson nicht die Eigenschaften eines Polizeivollzugsbeamten oder eines sonstigen Bediensteten einer Behörde besitzt.

    Die Dienstanweisung muss ferner bestimmen, dass die Wachperson während des Dienstes nur mit Zustimmung des Gewerbetreibenden eine Schusswaffe, Hieb- und Stoßwaffen, sowie Reizstoffsprühgeräte führen darf und jeden Gebrauch dieser Waffen unverzüglich der zuständigen Polizeidienststelle und dem Gewerbetreibenden (Weitermeldung an das Gewerbeamt) anzuzeigen hat.

2. Der Gewerbetreibende hat der Wachperson vor der ersten Aufnahme der Bewachungstätigkeit einen Abdruck der Dienstanweisung gegen Empfangsbestätigung auszuhändigen.

3. Der Gewerbetreibende hat die in seinem Gewerbebetrieb beschäftigten Personen vor der ersten Aufnahme der Bewachungstätigkeit schriftlich zu verpflichten, auch nach ihrem Ausscheiden, Geschäfts- und Betriebsgeheimnisse Dritter, die im Dienst bekannt geworden sind, nicht unbefugt zu offenbaren.

2.14 Grundsatz der Verhältnismäßigkeit

- Die Maßnahme muss legitim, erforderlich, geeignet und angemessen sein
- Erforderlichkeit: Unter mehreren geeigneten Mitteln ist immer das mildeste Mittel zu wählen und anzuwenden!

Merke: Nicht mit Kanonen auf Spatzen schießen!

2.15 Anzeigepflichtiges/ Erlaubnispflichtiges Gewerbe

1. Anzeigepflichtiges Gewerbe:
   Eine Anzeigepflicht für ein Gewerbe beim Gewerbeamt (Babysitting, Hauswirtschaft, Fitnessstudio, Dozent) ist ausreichend.
2. Erlaubnispflichtiges Gewerbe:
   Eine Erlaubnis der zuständigen Behörde ist hier immer erforderlich, beispielsweise für die Gründung eines Bewachungsunternehmens. (Bewachungserlaubnis)

2.16 Zweck der Unterrichtung/ Sachkundeprüfung

Um Bewachungsaufgaben eigenständig zu übernehmen, muss man den Behörden nachweisen, dass man über rechtliche und fachliche Kenntnisse über Pflichten und Befugnisse verfügt.

- Name/ Bezeichnung des Gewerbebetriebs
  UND
- Vorname und Name der Wachperson
  ODER
  Kennnummer

Das Kennschild ist bei allen sachkundepflichtigen Tätigkeiten sichtbar zu tragen.

Ausnahme: Schutz vor Ladendieben

Außerdem müssen in Asylaufnahmeeinrichtungen und bei zugangsgeschützten Großveranstaltungen alle Sicherheitsmitarbeiter, einschließlich der nichtleitenden Funktionen, ein Kennschild tragen.

2.18 An- und Abmeldung von Wachpersonen

- Anmeldung: Vor Beschäftigungsbeginn im Bewacherregister
- Angaben: Name, Vorname, Geschlecht, Geburtsdatum, Geburtsort, Land, Staat, Staatsangehörigkeit, Meldeanschrift, Wohnorte der letzten 5 Jahre
- Abmeldung: Spätestens 6 Wochen nach Beendigung des Arbeitsverhältnisses

2.19 Unterschied Schutz vor Ladendieben/ Privatdetektiv

1. Qualifikation:
   Schutz vor Ladendieben = Sachkundeprüfung
   Privatdetektiv = Keine Qualifikation
2. Begründung:
   Schutz vor Ladendieben = Bewachung
   Privatdetektiv = Überwachung
   (Informationsbeschaffung, Observation, Ermittlung)

2.20 Dienstkleidung

1. In Ausübung ihrer Tätigkeit muss jede Wachperson
   Dienstkleidung tragen, die befriedetes Besitztum betritt.
2. Die Dienstkleidung hat sich deutlich von behördlichen
   Uniformen (Polizei, Zoll, Bundeswehr, ...) zu
   unterscheiden, dies gilt auch für Abzeichen.

2.21 Umgang mit Waffen gemäß BewachV

Der Gewerbetreibende ist für die sichere Aufbewahrung von
Waffen und Munition verantwortlich. Er hat die
ordnungsgemäße Rückgabe der Waffen und der Munition nach
Beendigung des Wachdienstes sicherzustellen

- Polizei (Richterlicher Durchsuchungsbeschluss, Gefahr im Verzug)
- Staatsanwaltschaft
- Gewerbeamt (zu Geschäftszeiten)
- Gewerbeaufsichtsamt
- Berufsgenossenschaft
- Feuerwehr, THW, …

2.23 Buchführung und Aufbewahrungspflichten

- Bewachungsverträge
- An- und Abmeldung des Wachpersonals (Bewacherregister)
- Empfangsbestätigung der Dienstanweisung
- Zertifikate der Mitarbeiter über das Unterrichtungsverfahren oder die Sachkundeprüfung
- Haftpflichtversicherung (Aktueller Schein)
- Verpflichtungserklärung (Geschäfts- und Betriebsgeheimnisse Dritter), Tragepflichten (Bewacherausweis/ Kennschild)
- Rückgabe von Schusswaffen/ Munition

→ Aufbewahrungspflicht: i.d.R. 3 Jahre ggf. länger

3. Waffenrecht

3.1 Voraussetzungen für Waffenerlaubnisse
§7 WaffG/AwaffGV

- Mindestalter 18 Jahre (Sportschützen 21 Jahre)
- Erforderliche Zuverlässigkeit (§5) und Eignung (§6)
- Erforderliche Waffensachkunde (§7) = Waffenschachkunde
- Bedürfnis (§8)
- Nachweis einer Haftpflichtversicherung (mind. 1 Mio. Pauschal für Personen- und Sachschäden)

3.2 Erforderliche Zuverlässigkeit (§5)
Liegt in der Regel nicht vor, bei…

- rechtskräftiger Verurteilung (1× über oder 2× unter 60 Tagessätzen)
- missbräuchlichem oder leichtfertigem Umgang mit Waffen oder Munition
- Mitgliedschaft in einer verbotenen oder verfassungsfeindlichen Organisation (gilt auch für Vereine)

→ Sympathisanten gelten i.d.R. auch als unzuverlässig

- noch nicht abgeschlossenen Strafverfahren

3.3 Persönliche Eignung (§6)

Liegt in der Regel nicht vor, bei…

- Geschäftsunfähigkeit
- Abhängigkeit von Alkohol oder berauschenden Mitteln
- Psychischer Krankheit, Debilität
- Fremd- oder Selbstgefährdung

3.4 U25 Sonderbestimmungen

- Bei erstmaliger Erteilung ist ein fachärztliches Zeugnis nötig, dies kann ausgestellt werden durch:
  - Amtsarzt
  - Psychiater
  - Psychotherapeuten
  - Neurologen
- Kein Behandlungsverhältnis in den letzten 5 Jahren
- Der Arzt muss sich ein persönliches Bild machen

→ Ausnahmeregelung für Dienstwaffenträger

3.5 Bedürfnis (§8)

- Jäger, Sportschützen, Brauchtumschützen, Waffen- oder Munitionssammler, Waffen- oder Munitionssachverständige, gefährdete Personen, Waffenhersteller, Waffenhändler

3.6 Wichtige Begriffe aus dem Waffenrecht

- Erwerb und Besitz
- Überlassen
- Führen und Verbringen
- Mitnahme

3.7 Erwerb und Besitz
Es…

- …erwirbt eine Waffe oder Munition, wer die tatsächliche Gewalt darüber erlangt
- …besitzt eine Waffe oder Munition, wer die tatsächliche Gewalt darüber ausübt

3.8 Überlassen
Es…

- …überlässt eine Waffe oder Munition, wer die tatsächliche Gewalt darüber einem anderen einräumt

3.9 Führen und Verbringen
Es…

- …führt eine Waffe, wer die tatsächliche Gewalt darüber außerhalb der eigenen Wohnung, Geschäftsräume oder des eigenen befriedeten Besitztums ausübt
- …verbringt eine Waffe oder Munition, wer sie über die Grenze zum dortigen Verbleib mit Ziel des Besitzerwechsels transportiert oder transportieren lässt

3.10 Mitnahme

Es…

- …nimmt eine Waffe mit, wer mit dieser Waffe oder Munition vorrübergehend auf einer Reise ohne Aufgabe des Besitzes zur Verwendung über die Grenze in den, durch den oder aus dem Geltungsbereich des Gesetzes bringt

3.11 Zugriffsbereit/ Schussbereit

Zugriffsbereit: Mit wenigen schnellen Handgriffen in den Anschlag zu bringen (3-4 Sekunden)
Schussbereit: Munition ist in der Waffe (Teilladung genügt)

3.12 Unterschiede bei Waffen

Schusswaffen: Geschosse werden durch einen Lauf getrieben.

Ihnen gleichgestellte Gegenstände sind nach ihrem Wesen dazu bestimmt, die Angriffs- und Abwehrfähigkeit von Menschen herabzusetzen, z.B. Armbrust, Springmesser, Butterflymesser, Fallmesser, Reizstoffsprühgeräte, Flammenwerfer

3.13 Anscheinswaffen (Besitz erlaubt – Führen verboten)

…sind Waffen, die ihrer äußeren Form den Anschein einer erlaubnispflichtigen Schusswaffe haben.
Ausnahme: Nachbildungen die sich erkennbar unterscheiden

3.14 Waffenrechtliche Erlaubnisse

- Waffenbesitzkarte (grün)
- Waffenschein
- Kleiner Waffenschein
- Munitionserwerbsschein
- Jagdschein
- (Europäischer Feuerwaffenpass)
- (Waffenbesitzkarte für Sportschützen (gelb, alt))
- (Waffenbesitzkarte für Sammler/ Sachverständige (rot))

3.15 Waffenbesitzkarte – Fristen

- Zeit zum Erwerb einer Waffe: 1 Jahr
- Anmeldung der Waffe nach dem Kauf: 14 Tage
- Nach der Eintragung gilt die Waffenbesitzkarte grundsätzlich unbefristet

3.16 Munitionserwerbsschein

- Gültigkeit: 6 Jahre

3.17 Waffenschein

… wer eine rechtmäßig erworbene und besessene Waffe außerhalb…(S.25) führen möchte, benötigt einen Waffenschein. Das Führen bei öffentlichen Veranstaltungen ist verboten.

⟶ Die Behörde kann aber wegen Unverzichtbarkeit und verminderter Gefährdung eine Ausnahme zulassen.

Bsp. Personenschutz von Politikern auf dem Oktoberfest

- Gültigkeit: Maximal 3 Jahre (Verlängerung 2-mal um je 3 Jahre möglich)

3.18 Jagdschein

- Gilt nur für geprüfte und ausgebildete Jäger
- Ausstellung: Von einem Tag bis zu 3 Jahren

3.19 Kleiner Waffenschein

- Berechtigt ausschließlich zum Führen von SRS- Waffen (Schreckschuss-, Reizstoff- und Signalschuss – Waffen)
- Ausnahme gilt für Bergführer, Schiffsführer, Film/ Theater, Sport
- Voraussetzungen: Mindestalter 18 Jahre, Eignung, Zuverlässigkeit

3.20 Aufbewahrung von Waffen

- Klasse M: Munition (Schwenkriegelschloss)
- Waffenschrank Widerstandsgrad 0 unter 200 kg: bis zu 5 Kleinwaffen oder unbegrenzt Langwaffen plus Munition
- Waffenschrank Widerstandsgrad 0 über 200 kg: bis zu 10 Kurzwaffen oder unbegrenzt Langwaffen plus Munition
- Waffenschrank Widerstandsgrad 1: Unbegrenzte Anzahl

⟶ Die nicht ordnungsgemäße Aufbewahrung ist eine Straftat!

3.21 Transport

- Nicht zugriffsbereit
- Nicht schussbereit

z.B. in einem Futteral/ Waffenkoffer

3.22 Verbotene Waffen

- Kriegswaffen = Alle Waffen, die bei Kriegen verwendet wurden/ werden
- Vollautomatische Waffen = Dauerfeuer, Feuerstoß
- Vorderschaftrepetierflinten mit Pistolengriff
- Waffen die vortäuschen andere Gegenstände zu sein, z.B. Stockdegen, Stockgewehr, Schießkugelschreiber
- Mehr als üblich verkürzbare oder zerlegbare Waffen

Verbotene Schusswaffen

- Wurfsterne
- Gegenstände zum Drosseln (Nun – Chakus)
- Präzisionsschleudern mit Armstütze
- Nicht zugelassene R-Waffen/ Elektroimpulsgeräte (Keine CE- Kennzeichnung)
- Gegenstände bei denen leicht entflammbare Stoffe zusammengeführt werden (Molotow)

3.23 Verbotene Munition

- Treibspiegelgeschosse
- Leuchtspurgeschosse
- Brandgeschosse
- Sprenggeschosse
- Hartkerngeschosse

3.24 Verbotene Gegenstände

- An Waffen montierte: Zielscheinwerfer/ -laser, Zielprojektoren, Nachtsicht- oder Nachtzielgeräte, Nachtsichtvorsätze
- Stahlruten, Totschläger, Schlagringe

4. Brandschutz

4.1 Definition Brand/ Branddreieck

Brand = Oxidation
$\longrightarrow$ Chemischer Vorgang unter Aufnahme von Sauerstoff und der Abgabe von Wärme

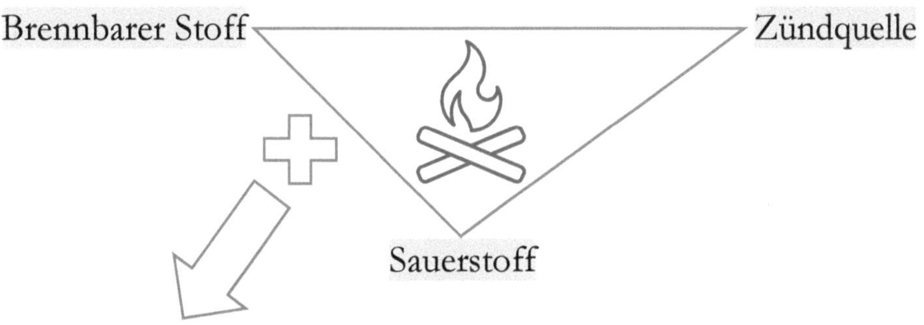

4.2 Verhalten im Brandfall

1. Brand melden   2. Menschen retten   3. Brand bekämpfen

- Unterbrechung der Verbrennung
- Abkühlen, Ersticken, Störung der Verbrennungsreaktion
- Entfernen brennbarer Gegenstände

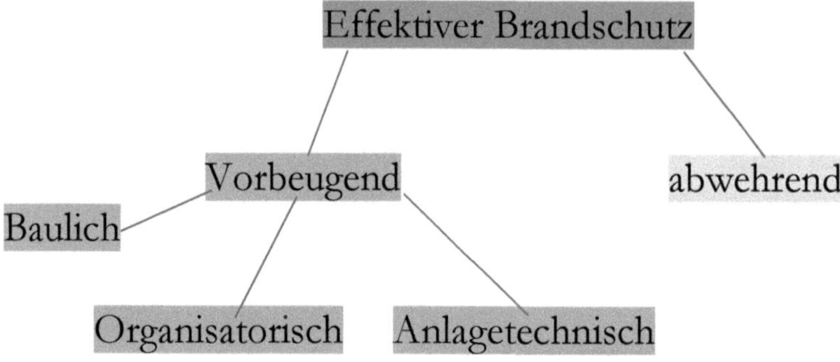

4.4 Vorbeugender Brandschutz

- Standortwahl
- Bauartbestimmung
- Brandabschnittsbstimung
- Löscheinrichtungen
- Aufklärung/ Beratung
- Schulungen/ Übungen

4.5 Abwehrender Brandschutz

- Feuerwehren (kommunale/ betriebliche)
- Brandbekämpfung
- Brandwachen
- Alarmierungsmittel

- Planung und Bau
- Widerstand durch Baustoffe
- Einhaltung von Gebäudeabständen
- Bauliche Trennung
- FI- Schutz bei elektrischen Anlagen
- Festlegung und Ausstattung von Flucht-/ Rettungswegen
- F/G/T – 30/60/90/…

4.7 Anlagentechnischer Brandschutz

- BMA
- Rauch-/ Wärmeabzugsanlagen
- Einrichtung Sprachalarmierungs-/ Evakuierungsanlagen
- Einrichtung Feststell-/ Warnanlagen
- Einrichtung ortsfester Feuerlöschanlagen (Sprinkler/ CO2)

4.8 Brandmeldeanlage

→ Rauchentwicklung, Flammenentwicklung, Wärme
- Rauchmelder
- Flammenmelder
- Wärmemelder
- Manuelle Melder

- Ionisationsmelder
- Durchlichtmelder
- Streulichtmelder
- Brandgasmelder
- Multisensor- Brandmelder
- Manuelle Rauchmelder

4.10 Flammenmelder

- Infrarotflammenmelder
- Ultravioletflammenmelder

4.11 Wärmemelder

- Wärmemaximalmelder
- Wärmedifferenzialmelder

4.12 Ortsfeste Löschanlagen

- Sprinkleranalage (Wasser) – Nass/Trocken
- Gaslöschanlage (CO2, Inergen, Argon, Stickstoff)
- Pulverlöschanlagen
- Sprühwasseranlagen/ Wasservernebelungsanlagen
- Schaumlöschanlagen
Trockene Sprinkleranlage wegen Kälteausdehnung (Außen)

4.13 Löschmittel und deren Wirkung

→ Glutbrände kühlen – Flammenbrände ersticken

Löschmittel	Hauptlöschwirkung	Für Klasse:
Wasser	Abkühlen	A
Schaum	Ersticken und Abkühlen	A B
Pulver	Reaktionshemmung = Inhibition, Ersticken	A B C
Kohlendioxid	Ersticken	C
Sonstige etc.	Verschiedene Wirkungen	Je nach Zusammensetzung (Wassergehalt)

4.14 Zeichen

Verbotszeichen

Gebotszeichen

Verbotszeichen

Rettungszeichen

Brandschutzzeichen

4.15 Brandklassen

Klasse A ⟶ feste Stoffe
Erscheinungsbild: Glut und Flammen
z.B. Holz, Papier, Textilien, Kohle, nichtschmelzende
Kunststoffe
Löschmittel: Wasser, Schaum, Pulver

Klasse B ⟶ Flüssigkeiten, flüssig werdende Stoffe
Erscheinungsbild: Flammen
z.B. Lösungsmittel, Öle, Wachse, Benzin, Teer, Alkohol,
schmelzende Kunststoffe (Plastik)
Löschmittel: Schaum, Pulver

Klasse C ⟶ brennbare Gase
Erscheinungsbild: Flammen
z.B. Propan, Butan, Acetylen, Erdgas, Methan, Wasserstoff
Löschmittel: Pulver, CO2- Löscher

Klasse D ⟶ Metalle
Erscheinungsbild: Glut
z.B. Natrium, Magnesium, Aluminium, Lithium, Kalium und
Legierungen aus diesen Metallen
Löschmittel: Metallbrandpulver, Graugussspähne, Trockener
Sand

Klasse F ⟶ Speisefette, -öle in Frittier- und Fettbackgeräten
Erscheinungsbild: Flammen
Löschmittel: Fettbrandlöscher, Alternativ: Pulverlöscher

5. Umgang mit Menschen

5.1 Definition Psychologie

Die Psychologie ist die empirische (durch Beobachtung) Wissenschaft über das Erleben und Verhalten von Menschen sowie deren Ursachen, Bedingungen und Konsequenzen.

5.2 Eigenschaften/ Fähigkeiten eines Sicherheitsmitarbeiters

- Fachkompetenz
- Empathie = Einfühlungsvermögen
- Positives Selbstwertgefühl
- Kommunikationsfähigkeit
- Interkulturelle Kompetenz
- Teamfähigkeit
- Durchsetzungsvermögen
- Ehrlichkeit
- Professionalität
- Zuverlässigkeit

5.3 Was versteht man unter Verhalten?

Dazu gehören -Aktivitäten, -Handlungen, -Körperliche Vorgänge, die von anderen eindeutig beobachtet oder gemessen werden können. Verhalten ist immer äußerlich sichtbar.

5.4 Was versteht man unter Erleben?

Der Begriff „Erleben" bezieht sich auf die inneren Prozesse, die nur vom Erlebenden selbst wahrgenommen werden können, wie etwa Gedanken, Gefühle oder Triebe.

5.5 Das 3- Schicht Modell nach Platon/ Aristoteles
Wie wird menschliches Verhalten gesteuert?

- Verstand basiert auf Zahlen, Daten, Fakten
- Gefühle: Liebe, Mitgefühl, Empathie, Neid, Hass
- Triebe: Selbsterhaltung, Sexualtrieb, Hunger, Durst

5.6 Motivation

Motivation beinhaltet psychologische Vorgänge, wie…
- Antrieb
- Streben nach höheren Zielen
- Interessen
- Persönliche Einstellungen

Die bewusst oder unbewusst menschliches Verhalten und Handeln bestimmen. Dies geschieht von innen = intrinsisch und von außen = extrinsisch.

5.7 Motiv⟶ Kein Mensch handelt ohne Motiv

Motive sind Anreize für unsere Handlungen und unsere Bestrebungen oder spezifische Ziele für unsere Anforderungen.

Primäre Motive = Diese Motive sind angeboren
- Essen
- Trinken
- Schlafen
- Sex

Sekundäre Motive = Diese Motive werden erworben
- Macht
- Geld
- Luxus
- Statussymbole

5.9 Definition Panik

Panik ist ein unerwarteter Zustand intensiver Furcht vor einer realen oder vermuteten Bedrohung, der Einzelpersonen oder große Menschenmengen betrifft und der weitgehend unkontrollierbares Verhalten auslöst!

$\longrightarrow$ Durch Überlebensangst

5.10 Panikbegriffe/ Panikarten

Panikstimmung meint: Gefahrenvermutung, Unruhestimmung
Panikereignis: Erdbeben, Explosion, Schuss, Knall, Feuer
Panikstarre: Bewegungsunfähigkeit, Lähmung, Schock
Paniksturm: Flucht vor lebensbedrohlicher Gefahr
(Flaschenhalseffekt)
Panikkampf: Kampf um das eigene Leben

5.11 Aufbau der Bedürnispyramide nach Abraham Maslow

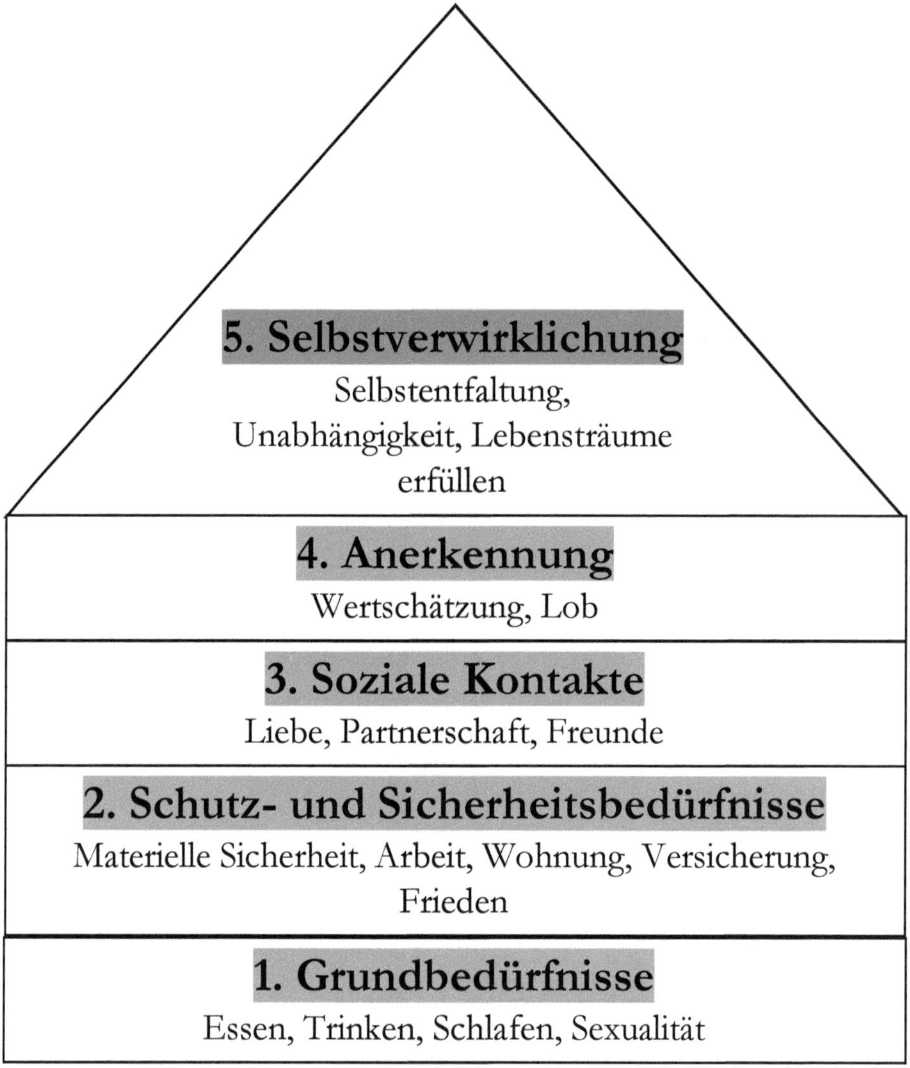
5. Selbstverwirklichung
Selbstentfaltung,
Unabhängigkeit, Lebensträume
erfüllen
4. Anerkennung
Wertschätzung, Lob
3. Soziale Kontakte
Liebe, Partnerschaft, Freunde
2. Schutz- und Sicherheitsbedürfnisse
Materielle Sicherheit, Arbeit, Wohnung, Versicherung,
Frieden
1. Grundbedürfnisse
Essen, Trinken, Schlafen, Sexualität

1-4: Defizitbedürfnisse
5: Wachstumsbedürfnis

5.12 Bedeutung der „Maslowschen" Bedürfnispyramide

Die höheren Bedürfnisse werden erst aktiviert, wenn die
unteren Bedürfnisse weitgehend erfüllt werden.

5.13 Diversität

… ist die Vielfalt bzw. Andersartigkeit von Individuen oder
Gruppen von Individuen, die auf regionale, soziale, kulturelle
oder religiöse Zuordnungen zurückzuführen ist.

5.14 Definition „Menschenkenntnis"

⟶ ist meist subjektiv geprägt
Menschenkenntnis ist die Fähigkeit andere Menschen
einzuschätzen, um…
- so gut wie möglich mit ihnen zu umgehen
- in angemessener Weise zu reagieren

Entstehung durch Lebenserfahrung, Berufserfahrung,
Fremdbeobachtung, Eigenbeobachtung, Intuition, Literatur,
Seminare etc.

5.15 Selektive Wahrnehmung

⟶ Ist die bewusste oder unbewusste Aufnahme von
ausgewählten Teilinformationen

Jeder hat eine unterschiedliche Realität! Jeder nimmt anders
wahr!

5.16 Erster Eindruck (Visitenkarten/ Halo- Effekt)

- ➢ Wahrnehmung einer Person/ Personengruppe/ Sache/ Situation
- ➢ Die Wahrnehmung erfolgt unbewusst im Bruchteil einer Sekunde
- ➢ Vergleich des Gesehenen mit dem persönlichem Gedächtnisspeicher auf Äußeres
- Geschlecht, Alter, Mimik, Attraktivität, Kleidung, Schmuck
- ➢ Für den Ersten Eindruck gibt es nur eine Chance
- ➢ Der erste Eindruck ruft die erste Reaktion hervor
- ➢ Ergebnis: Sympathie, Antipathie, Gefahr, Chancen, Risiko

5.17 Wahrnehmung

- • Aufnahme von Reizen aus der Umwelt
- • über die Sinnesorgane (Augen, Ohren, Nase, Mund, Haut)
- • und deren Verarbeitung im Gehirn

5.18 Definition Kommunikation

… Der Informations- bzw. Emotionsaustausch zwischen einem „Sender" und einem „Empfänger" erfolgt über sprachliche (verbale) und nichtsprachliche (nonverbale) Kommunikationswege.

5.19 Vorurteile

… ist die vorgefertigte, unkontrollierte Annahme anderer Meinungen, ohne ausreichend persönliche Erfahrungen, über eine Person, Personengruppe, Situation oder Sachverhalte.
… sind positive oder negative Meinungen, die nicht auf Objektivität oder Fakten basieren, sondern auf:

- Erziehung, Neid, Hass, Medien, Propaganda, Schicksal, Überlieferungen (Märchen) und Verallgemeinerungen

5.20 Positive/ Negative Vorurteile

Positiv:
- Deutsche sind pünktlich und gründlich
- Südländer sind die besseren Liebhaber
- Asiaten sind sehr höflich und zurückhaltend
- Männer sind die besseren Techniker
- Frauen sind multitaskingfähig
- Alle Schweden sind hübsch und blond

Negativ:
- Schwaben/ Schotten sind geizig
- Frauen können nicht einparken/ Auto fahren
- Alle Polen stehlen Autos
- Alle Politiker sind bestechlich (korrupt)
- Männer können nicht zuhören
- Alle Amerikaner sind übergewichtig

→ Positive Vorurteile sind gefährlicher wegen der Außerachtlassung der Eigensicherung

5.21 Kommunikationsmodelle

- Eisbergmodell
- 4 Seiten einer Nachricht (Friedemann Schulz von Thun)
- Transaktionsanalyse
- Johari- Window

5.22 Eisbergmodell

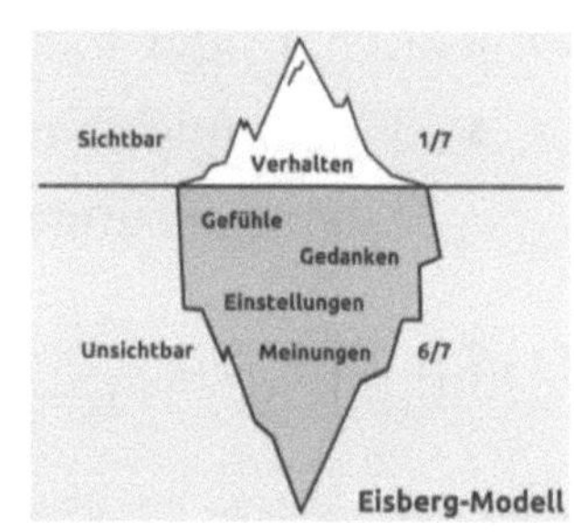

Der Großteil der Kommunikation
wird nicht über die verbale oder die
nonverbale Kommunikation abgewickelt.
Wir unterscheiden in:
Sachebene: Zahlen, Daten, Fakten $\longrightarrow$ 20%
Beziehungsebene: Instinkt, Erfahrung, Erster Eindruck,
Wertvorstellung, Gefühl, Interpretation $\longrightarrow$ 80%

5.23 Kommunikationselemente

Verbal = Sprachlich
- Sprache, Wörter, Symbole, Sprachaussagen, Briefe

Nonverbal = Nichtsprachlich (Körpersache)
- Gestik, Mimik, Körperhaltung, Händedruck,
  Augenkontakt

Paraverbal = Sprachbegleitend (Ausdruck)
- Stimmlage, Lautstärke, Wortwahl, Pausen,
  Sprechgeschwindigkeit

Extraverbal = Zusätzlich (Erscheinungsbild)
- Kleidung, Geschlecht, Größe, Tattoos, Schmuck

5.24 Die 4 - Seiten einer Nachricht (Friedemann Schulz von Thun)

- Sachebene
  Sachinformationen (ZahlenDatenFakten)
- Beziehungsebene
  Emotionen, Gefühle, Sympathie, Antipathie, Hierarchie
- Appellebene
  Direkte oder indirekte (versteckte) Aufforderung
- Selbstoffenbarungsebene
  Mitteilung der eigenen Befindlichkeit, Offenbarung

5.25 Man kann nicht nicht kommunizieren – Paul Watzlawick

Zitat ist richtig: Kommunikation kommt überall vor!
Der Mensch kommuniziert immer!

5.26 Soziale Gruppen

- Männer/ Frauen/ Ältere Menschen/ Senioren/
  Menschen mit Behinderung/ Jugendliche/ Menschen
  mit Migrationshintergrund/ Menschen mit
  Suchtproblematik (Drogen, Alkohol, Medikamente)

5.27 Männer/ Frauen

- Unterschiedliche körperliche Belastbarkeit
- Frauen reagieren emotionaler
- Männer handeln spontaner/ sachbetonter
→ Handlungsempfehlung
- Grundsätzlich nicht berühren
- Empathie
- Nur gleichgeschlechtliche Kontrollen
- Klare verständliche Aussagen
- Respektvoller Umgang (nicht arrogant)
- Nicht rollenspezifisch handeln

5.28 Ältere Menschen/ Senioren

- Eigenes Wertesystem
- Schlechter Umgang mit Veränderung
- Oftmals gebrechlich/ kränklich
- Langsamere Umsetzung
- Hilfsbedürftig
- Vorurteile durch Erfahrung
- Mangelnde Kompromissbereitschaft ⟶ Sturheit
- Mehr Lebenserfahrung

→ Handlungsempfehlung

- Freundliches, geduldiges, hilfsbereites Auftreten
- Respektvoller Umgang (Schätzen des Wertesystems)
- Klare, eindeutige, kurze (einfache) Aussagen
- Smalltalk ⟶ Ältere Menschen erzählen gerne
- Behutsames und vorsichtiges Vorgehen (Empathie und Geduld)

5.29 Menschen mit Behinderung

- Einschränkungen in Körpersprache/ Bewegungsradius
- Minderwertigkeitsgefühle
- Wollen normal behandelt werden ⟶ überschätzen sich

→ Handlungsempfehlung

- Freundlich und hilfsbereit Auftreten
- Zuvorkommend sein, ohne zu übertreiben (Helfen, wenn augenscheinlich notwendig)
- Herablassende Wirkung vermeiden ⟶ Respekt und Gleichbehandlung

5.30 Jugendliche

- Oft Respektlos
- Erhöhte Gewaltbereitschaft
- Keine Ideale
- Wunsch sich zu beweisen
- Lehnen Autorität ab

- Häufige Regelverstöße
- Agilität
- Laut/ Auffallend

→

- Niveau wahren
- Grenzen aufzeigen
- Vorbildfunktion einnehmen
- Selbstsicheres Auftreten
- Junge Menschen ernst nehmen —→ Siezen
- Höflicher Umgang
- Hierarchie (Selektion des Anführers)
- Freundlich, aber bestimmt

5.31 Menschen mit Migrationshintergrund

- Fremd wirkendes Äußeres (Haut/ Kleidung)
- Anderes Wertesystem/ andere Mentalität —→ mehr Aggressionspotenzial
- Sprachhindernis
- Größerer/ anderer Familienzusammenhalt
- Soziale, kulturelle, religiöse Unterschiede

→ Handlungsempfehlung

- Interkulturelle Kompetenz (Verständnis für Bräuche/ Sitten)
- Klare, kurze, verständliche Aussagen
- Freundlich und höflich

- Selbstsicher/ selbstbewusst
- Mimik/ Gestik bei Verständnisproblemen

5.32 Flüchtlinge/ Asylbewerber

- Kaum, bzw. schlechte Deutschkenntnisse
- Anderes Wertesystem/ Kein Rechtsverständnis in unserem Sinne
- Andere Mentalität —→ Konflikte
- Großer Familienzusammenhalt
- Erfahrung mit Gewalt durch politische Systeme
  —→ Möglicherweise Abwehrreaktion

—→ Handlungsempfehlung

- Freundlich und höflich
- Kurze, klare, verständliche Ansagen
- Verständnis für deren Situation
- Körper/ Zeichensprache
- Nicht belehren, sondern aufklären
- Selbstsicher/ Selbstbewusst

—→ Nach Möglichkeit in Landessprache ansprechen, ggf. mit Dolmetscher

5.33 Menschen mit Suchtproblematik

- Geringe/ Keine Aufnahmefähigkeit
- Plötzliche Veränderung des Gemütszustandes

- Hohes Aggressionspotenzial, vor allem bei nicht befriedigter Sucht
- Unkontrolliertes Verhalten
- Geringes Schmerzempfinden
- Körperliche und geistige Fähigkeiten eingeschränkt

→ Handlungsempfehlung

- Ruhiges Auftreten
- Kurze, klare Ansagen
- Eigensicherung besonders beachten
  → Gegenstände entfernen (Flaschen/ Spritzen)
- Selbstsicher die Meinung durchsetzen
- Lage beurteilen
- Deeskalierend zusprechen
- Freundlich sein

5.34 Definition Stress

Stress ist die körperliche Reaktion auf innere und äußere Einflüsse (Stressoren)

Positiver Stress wird EU – Stress genannt
Negativer Stress wird DIS – Stress genannt

Stressoren sind (Ursachen): Arbeitsüberlastung, Unsicherheit, Angst, Umwelteinflüsse (Hitze, Kälte), usw.

Körperliche Reaktion: Schnelle Atmung, Schweißausbrüche, Denkblockade, Tränen, usw.

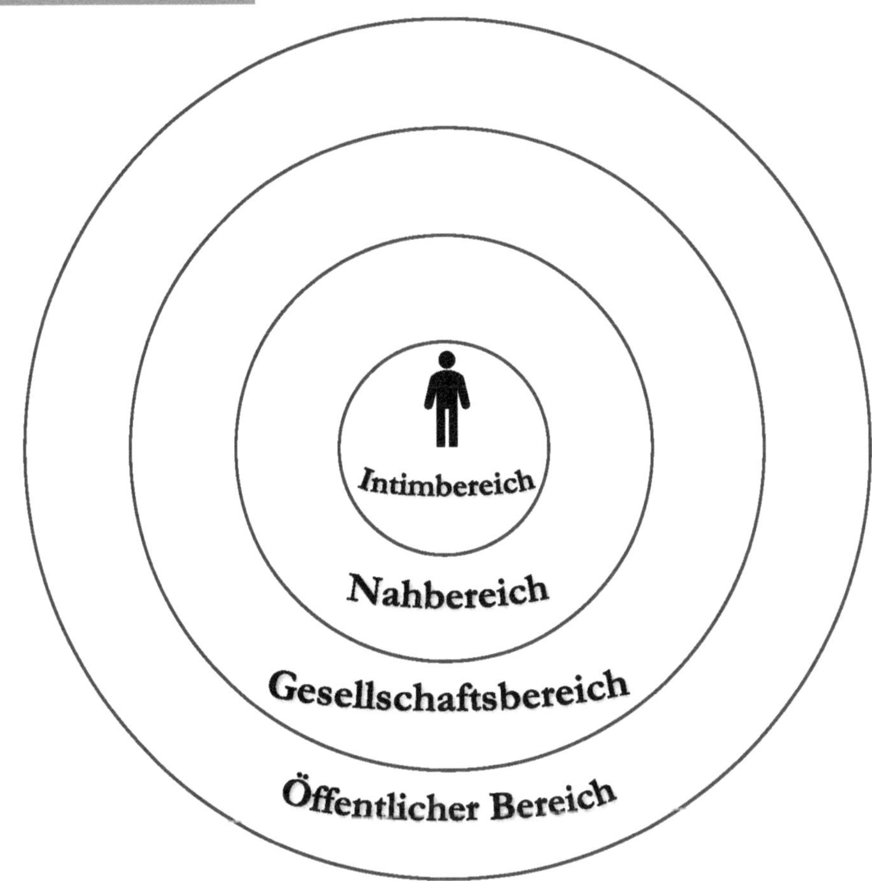

Intimbereich: 0,00 – 0,50 m

Nahbereich: 0,50 – 1,20 m

Gesellschaftsbereich: 1,20 – 3,60 m

   ⟶ Kommunikationsbereich in dem die Eigensicherung weitgehend gewährleistet ist

Öffentlicher Bereich: 3,60 m +

1. Diskussion ⟶ unterschiedliche Informationsquellen
2. Streit ⟶ Meinungsverschiedenheit
3. Frustration abhängig von der Frustrationstoleranz
4. Resignation
5. Aggression ggf. mit Aggressionsverschiebung
6. Konflikt

5.37 Deeskalationsschema (FRESSE)

Fragen
Reden
Einfühlen
Selbstkontrolle
Sachlichkeit
Einigung

5.38 Frustration/ Aggression/ Resignation

- Frustration ist ein negatives Gefühl der Enttäuschung über das Nichterreichen eines Zieles.

⟶ Der Ausmaß der Frustration hängt vom Wert des Ziels sowie von der Investition in Zeit, Geld oder Kraft ab..

⟶ Aggression ist jedes geistige oder körperliche Verhalten, das darauf abzielt, Schaden anzurichten, zu beschädigen oder zu vernichten. (Verbal und Brachial)

- Resignation ist das Verwerfen des angestrebten Zieles (Kapitulation)

- Aggressionsverschiebung bezieht sich auf die Aggression gegen Schwächere, die nicht die Ursache für die Aggression sind.

⟶ Eine weitere Reaktion auf Frustration kann Motivation sein

Aggressionstoleranz/Frustrationstoleranz = Wie viel Aggression/ Frustration kann man ab, bis man aggressiv/ frustriert ist. Sicherheitsmitarbeiter sollten bestenfalls eine hohe Aggressionstoleranz/ Frustrationstoleranz haben.

5.39 Selbstwertgefühl

Das Empfinden des eigenen Selbstwertgefühls.
Dieses Gefühl ermöglicht es, sich seines Wertes bewusst zu werden (Selbstbewusstsein), sich und seinen Entscheidungen zu vertrauen (Selbstvertrauen) und diese Entscheidungen sicher umzusetzen (Selbstsicherheit).

⟶

Zu geringes Selbstwertgefühl ⟶ Minderwertigkeitskomplex
Übersteigertes Selbstwertgefühl   Überkompensation

5.40 Interkulturelle Kompetenz

… ist die Fähigkeit, angemessen mit Menschen anderer Kulturen in einer Form der fachlichen und sozialen Kompetenz zu interagieren, die auf kulturellen Regeln, Normen, Wertvorstellungen und Symbolen basiert.

5.41 Selbstbild/ Fremdbild

Das Selbstbild beruht auf der Wahrnehmung durch sich selbst
(Wunschbild)
Das Fremdbild beruht darauf, wie wir von Dritten
wahrgenommen werden.

→ Selbstbild und Fremdbild beeinflussen sich gegenseitig
und stimmen meistens nicht überein!

5.42 Aktives Zuhören

Bedeutet „aufnahmebereites Zuhören" und signalisiert dem
Gegenüber, dass man dem Gespräch aufmerksam und
interessiert folgt (Hintergründe, Gedanken, Zwischentöne)

- Blickkontakt
- Gesprächsabgleich
- Gefühle verbalisieren
- Wiederholen, Zusammenfassen
- Ausreden lassen
- Verständnisfragen
- Zustimmen (Nicken)

5.43 Definition Konflikt

... ist das intensive Zusammentreffen zweier oder mehrerer widersprüchlicher und konträrer Einstellungen, Interessen oder Verhaltensweisen, ohne dass ein Kompromiss angestrebt wird.

Konfliktarten:
- Beziehungsskonflikte
- Sachkonflikte
- Verteilungskonflikte
- Wahrnehmungskonflikte
- Rollenkonflikte
- Zielkonflikte

5.44 Fragearten

- Offene Fragen (W- Fragen): Wer, Was, Wieso, Warum, Wann...
- Geschlossene Fragen (Antwortmöglichkeiten JA/Nein)
- Suggestivfragen
- Rhetorische Fragen
- Fangfragen
- Motivationsfragen
- Alternativfragen

5.45 Gruppe/ Menge/ Masse

Gruppe: Menschen (2 -25), gemeinsame Interessen, Ziele,
Werte, Normen, Rollenverteilung, WIR- Gefühl,
Interaktion, Sprache, Kleidung etc.
Menge: Menschen die zeitgleich am selben Ort sind
(unabhängig voneinander)
Masse (Akut): Menge, die zeitgleich aktiv wird oder schon ist

5.46 Gruppenarten

- Formale Gruppe
- Informelle Gruppe

5.47 Formale Gruppe

Eine formale Gruppe folgt einem spezifischen
Organisationsplan. Sie wird von bestimmten Personen
(Gruppenführern) oder einem anderen Gruppenmitglied
(informeller Führer) geleitet..
⟶ Von außen gebildet

5.48 Informelle Gruppe

Bei einer informellen Gruppe handelt es sich um eine Gruppe
ohne konkreten Organisationsplan, die sich spontan
zusammenschließen und dadurch vorübergehend gemeinsame
Interessen entwickeln.

1. Lagebeurteilung (Beobachtung/ Sichtung der Situation)
2. Meldung an die NSL (Notfall- und Serviceleitstelle)
3. Annäherung an die Gruppe mit Vorstellung
4. Ansprache an den Gruppenführer (Separierung)
5. Sachebene (Sie)
6. Lösungsalternativen

5.50 Einsatzmanagement

Prinzip TOP

Technische Maßnahme
Organisatorische Maßnahme
Personelle Maßnahme

5.51 Technische Schutzmaßnahmen

- Personenkontrollmittel: Torbogenschleußen, Handscanner
- Zutrittskontrolle: Drehkreuze, Kartenleser, Absperrgitter
- Informationsmittel: Megafon, Signalstäbe, Signalkellen
- Kommunikationsmittel: Funkgeräte, Betriebshandys
- Einsatzmittel: Taschenlampe, Westen, Abwehrmittel

- Übernahme des Bewachungsauftrages (Dienstvertrag)
- Festlegung der Verantwortlichkeiten und Führungskräfte
- Anfertigen eines Sicherheitskonzeptes (Gefahrenanalyse)
- Anfertigung einer Dienstanweisung
- Anfertigung eines Einsatzplanes mit Zeitlinie

5.53 Personelle Schutzmaßnahmen

- Wie viele geeignete/ berechtigte SMAs, sowie weitere Mitarbeiter
- Wo (Postenplan)
- Wann (Einsatzplan)
- Einweisung/ Unterweisung/ Reserven bilden

6. Bürgerliches Recht

6.1 Aufbau/ Gliederung BGB

- 1. Buch ⟶ Allgemeiner Teil
- 2. Buch ⟶ Schuldrecht (Schadenersatzpflicht)
- 3. Buch ⟶ Sachenrecht
- 4. Buch ⟶ Familienrecht
- 5. Buch ⟶ Erbrecht

6.2 Altersregelungen

1. Rechtsfähigkeit: Beginnt ab Geburt
2. Deliktsfähigkeit: Mit Vollendung des 7. Lebensjahres
   Hier gilt: (Schadensersatzpflicht)
3. Deliktfähigkeit im Straßenverkehr: Mit Vollendung des 10. Lebensjahres
4. Schuldfähigkeit: Mit Vollendung des 14. Lebensjahres
   (Strafmündigkeit gegeben)
5. Geschäftsfähigkeit: Mit Vollendung des 18. Lebensjahres

Achtung: Eltern haften nicht für ihre Kinder!
Ausnahme: Grob fahrlässige Verletzung der Aufsichtspflicht.

6.3 Vertrag

Wir unterscheiden in… 

- Werksverträge (z.B. Reperaturvertrag)
  Erfolg ist objektiv messbar
- Dienstleistungsverträge (z.B. Arbeitsvertrag)
  Leistung subjektiv messbar

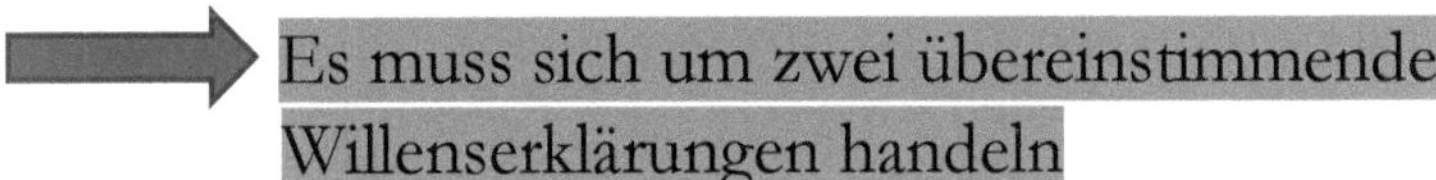
Es muss sich um zwei übereinstimmende Willenserklärungen handeln

6.4 §903 BGB Eigentum

Der Eigentümer hat die rechtliche Verfügungsgewalt (Herrschaftsgewalt) über eine Sache.

Der Eigentümer darf nach Belieben mit seiner Sache verfahren, er kann sie verbrauchen, verkaufen, vermieten, verschenken, zerstören usw., sofern kein Gesetzesverstoß vorliegt oder er gegen die Rechte Dritter verstößt.

Der Eigentümer kann jeden von der Einwirkung auf seine Sache ausschließen. Ausnahme: Beim Aggressiven Notstand muss der Eigentümer die Einwirkung auf seine Sache dulden.

Eigentumserwerb kann geschehen durch:
- Kauf
- Schenkung
- Erbe
- Gewinn
- Fund (Nach 6 Monaten)

6.5 §854 BGB Besitz

Der Besitzer hat die tatsächliche Verfügungsgewalt (Herrschaftsgewalt) über eine Sache.

Voraussetzung: Besitzwille ist unbedingt erforderlich!
⟶ Der Besitzer hat in der Regel nur ein Recht auf Nutzung.
Besitz wird erlangt durch:
- Miete
- Leihe
- Leasing
- Pacht
- (Diebstahl)
- (Unterschlagung)

6.6 §855 BGB Besitzdiener

Der Besitzdiener übt die tatsächliche Verfügungsgewalt über
eine Sache für einen anderen (Besitzer) aus!

Voraussetzung:
- Arbeitsvertrag (soziales Abhängigkeitsverhältnis)
  (Über- bzw. Unterordnung)
- Der Besitzdiener hat die übertragenen Rechte vom
  Besitzer (z.B. Hausrecht)
- Der Besitzdiener muss den Anweisungen des Besitzers
  Folge leisten.⟶ Der Besitzdiener ist dem Besitzer
  gegenüber weisungsgebunden!

Achtung: Der Besitzdiener hat kein eigenes Selbsthilferecht!

6.7 §90 BGB Sachen

Sachen sind nach dem BGB nur körperliche Gegenstände, die
fest, flüssig oder gasförmig, beweglich (transportabel) oder
unbeweglich sind. Bestimmte Form ist also vorgeschrieben!

Keine Sachen sind:
- Tiere !
- Wasser
- Strom/ Elektrizität
- Leichen/ Leichenteile
- Künstliche Körperteile, solange sie mit dem Körper
  verbunden sind

Tiere sind keine Sachen, werden aber vor dem Gesetz als Sachen behandelt!

- Spezialgesetze
- Tierschutzgesetz (gilt für alle Wirbeltiere)
- Artenschutzgesetz

Beispiel für die Behandlung eines Tieres als Sache vor dem Gesetz: Diebstahl/ Sachbeschädigung eines Tieres.

6.9 „Hausrecht"

Hausrecht ist ein künstlich geschaffener Begriff, der aus einem Urteil des Bundesgerichtshofs hervorgeht und nicht in deutschen Gesetzen enthalten ist..

Hausrecht wird abgeleitet aus:
- Art. 13 GG: Unverletzlichkeit der Wohnung
- Art. 14 GG: Recht auf Eigentum

Der Hausrechtsinhaber hat die alleinige Entscheidungsbefugnis, wer sich, wie lange und zu welchen Bedingungen in seinem Hausrechtsbereich aufhalten darf.

6.10 Schuldformen

Vorsatz: Wissen und Wollen der Tatbestandsverwirklichung

Fahrlässigkeit: Die Außerachtlassung der notwendigen Sorgfaltspflicht (z.B. Schulterblick im Straßenverkehr)

Die Ausübung eines Rechtes ist unzulässig, wenn sie nur den Zweck haben kann, einem anderen Schaden zuzufügen.

Gegen schikanöse Rechtsausübung ist Notwehr zulässig. Des Weiteren besteht Schadenersatzpflicht.
Bsp.: Ständig wiederkehrende Kontrollen ohne besonderen Anlass.

6.12 Gefährdungshaftung

1. KFZ – Halter – Haftpflicht
2. Tier – Halter – Haftpflicht (Nur für Luxustiere) (Luxustiere = Alle Tiere, die der Mensch hält und keine Nutztiere sind. Für Nutztiere gilt die Versicherung über den Betrieb.)

Erläuterung: Der Gesetzgeber führte diese Zwei Haftpflichtversicherungen (BGB) ein, weil das Halten von Tieren (Luxustieren) und Kraftfahrzeugen bereits eine so große Gefahr darstellt. Für Hunde und Pferde existiert jedoch eine eigene Haftpflichtversicherung, während für andere Kleintiere in der Regel eine private Haftpflichtversicherung gilt.

6.13 Verschuldenshaftung = Unerlaubte Handlung (Deliktfähigkeit); §823 BGB Schadenersatz

Wer vorsätzlich ODER fahrlässig UND widerrechtlich ein fremdes Rechtsgut verletzt, ist zum Schadenersatz verpflichtet.

6.14 Rechtswidrigkeit = Öffentliches Recht
     Widerrechtlichkeit = Privates Recht

Verstoß gegen geltendes deutsches Recht ohne einen Rechtfertigungsgrund zu haben!

Ein Rechtfertigungsgrund beseitigt immer die Rechtswidrigkeit im öffentlichen Recht und schützt somit vor Rechtsfolgen wie Freiheitsstrafe, Geldstrafe und Geldbuße oder die Widerrechtlichkeit im privaten Recht und somit die Rechtsfolge Schadenersatzpflicht.

Ein Rechtfertigungsgrund ist immer Rechtskonform.

6.15 §965 BGB, §984 BGB Fundrecht

Der Finder von Sachen/ Tieren hat drei gesetzliche Pflichten: (AAA)
-    Abgabepflicht (Wertgrenze 10 Euro)
-    Anzeigepflicht
-    Aufbewahrungspflicht

Der Finder hat einen gesetzlichen Anspruch auf Finderlohn!

6.16 §971 BGB, §978 BGB Finderlohn

Bei Sachen: Finderlohn bis zur Wertgrenze 500€ = 5%

Wert ab 500€ bis zum Realwert = 3%

Bei Tieren: 3%

Ausnahme: Bei einem Fund in einer Behörde oder Verkehrsanstalt verringert sich der Anspruch ab 50€ um die Hälfte (5% -> 2,5%). Man gilt i.d.R. nur als Entdecker und nicht als Finder.

6.17 §194 Abs. 1 BGB Definition Anspruch

Ein Anspruch ist das Recht von einem anderen eine Handlung oder ein UNTERLASSEN (DULDEN) zu verlangen!

Beispiele für Ansprüche: Lohn, Arbeitslosengeld, Urlaub, Krankengeld, Schadenersatz, Herausgabe, Finderlohn, Behördliche Kontrollen, etc.

6.18 Unterschied Notwehr/ Notstand

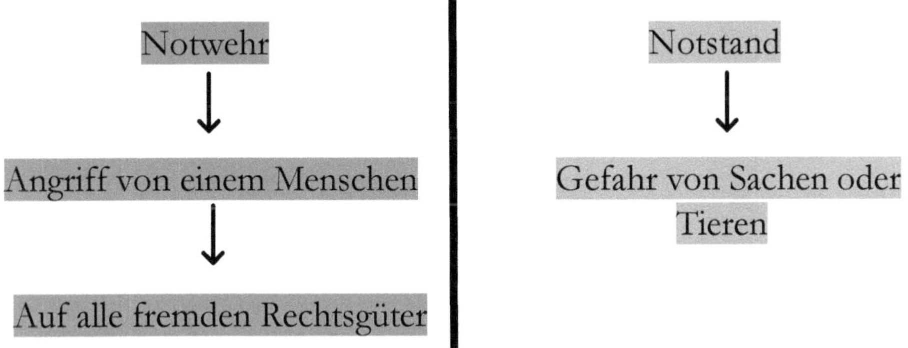

Notwehr ist ein Rechtfertigungsgrund und schließt die Rechtswidrigkeit/ Widerrechtlichkeit aus und schützt somit auch vor Rechtsfolgen.

Notwehr ist die Verteidigung die erforderlich ist, um einen gegenwärtigen, rechtswidrigen Angriff von sich oder einem anderen (Nothilfe) abzuwenden.

Verteidigung: Verteidigungswille; nur zur Angriffsabwehr;

Erforderlich: Von mehreren Mitteln, die geeignet sind den Angriff zu beenden, ist immer das mildeste Mittel Zu wählen und anzuwenden!

Gegenwärtig: Unmittelbar bevorstehend; Gerade andauernd; Noch nicht beendet.

Rechtswidrig: Verstoß gegen geltendes deutsches Recht ohne Rechtfertigungsgrund.

Angriff: Ein Mensch greift ein fremdes Rechtsgut an

Pflicht zur Nothilfe bei:
         Unfall, Überfall, Notfall -> Menschenleben bedroht

Wichtig: ALLE Rechtsgüter sind notwehrfähig!

Bei einer drohenden Gefahr wende ich mich direkt an das fremde Objekt, von dem aus die Bedrohung ausgeht. Dabei darf man die Sache schädigen oder vernichten. (Tiere: verletzen oder töten)

Schadenersatzpflicht: NEIN (Rechtfertigungsgrund)
Ausnahme: Man hat die Gefahr selbst verursacht

6.21 §904 BGB Aggressiver Notstand (Angriffsnotstand)

Bei einer gegenwärtigen Gefahr wirke ich auf eine fremde Sache ein, von der keine Gefahr ausgeht, zur Beseitigung eines defensiven Notstandes! Man darf dabei die Sache wegnehmen, beschädigen, zerstören und benutzen.

Schadenersatzpflicht: JA, der Eigentümer der Sache kann Schadenersatz verlangen.
Der Eigentümer hat eine Duldungspflicht!

6.22 §859 BGB, §860 BGB Selbsthilfe des Besitzers / Besitzdieners

Der Besitzer einer Sache darf sich gegen Verbotene Eigenmacht mit Gewalt erwehren.

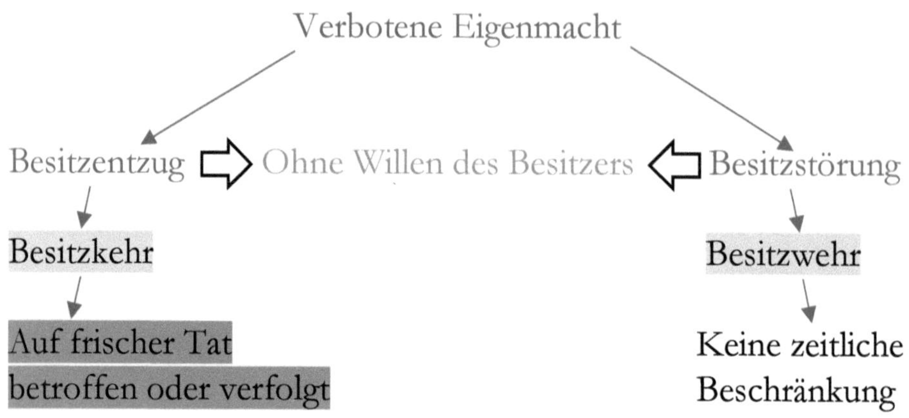

6.23 §229 BGB Allgemeine Selbsthilfe

Zweck = Sicherung des zivilrechtlichen Anspruchs

3 Voraussetzungen:
1. Zivilrechtlich einklagbarer und durchsetzbarer Anspruch! (Beweis durch: Fotos, Zeugen, Verträge, Quittungen)
2. Staatliche Hilfe ist nicht rechtzeitig zu erlangen (Richter, Polizei, Staatsanwaltschaft)
3. Ohne sofortiges Eingreifen deutliche Behinderung oder sogar Vereitelung des Anspruchs

5 Maßnahmen: Eine Sache (1-3)
1. Wegnehmen
2. Beschädigen
3. Zerstören
4. Festnahmerecht (Bei Fluchtverdacht des Täters) (Unverzügliche Übergabe an ein Gericht bzw. Polizei)
5. Gewalt (Widerstand brechen) – Grundsatz der Verhältnismäßigkeit

Zweck = Strafverfolgung

Auf frischer Tat betroffen ODER verfolgt UND Identität nicht sofort feststellbar ODER Fluchtverdacht, darf Jedermann auch ohne richterliche Anordnung jemanden vorläufig festnehmen.

Daraus ergeben sich folgende Kombinationsmöglichkeiten:

1. Auf frischer Tat betroffen + Identität nicht sofort feststellbar
2. Auf frischer Tat betroffen + Fluchtverdacht
3. Auf frischer Tat verfolgt + Identität nicht sofort feststellbar
4. Auf frischer Tat verfolgt + Fluchtverdacht

Fluchtverdacht: Dauerhafte Entziehung der Strafverfolgung ("Untertauchen", sich ins Ausland absetzen)
Verfolgung: Darf nicht unterbrochen werden!

6.25 §34 StGB Rechtfertigender Notstand - Rechtsgüterabwägung

Bei einer gegenwärtigen, nicht anders abwendbaren Gefahr, erfolgt der Eingriff in ein niedrigeres Rechtsgut, um ein vermeintlich höher angesetztes Rechtsgut zu schützen!

Gegenwärtig: Nach menschlichem Ermessen steht der Eintritt des Schadens unmittelbar bevor. (z.B. Kind bei Hitze im Auto)

StPO	Festnahmehandlung	BGB
§127 Abs. 1 StPO	Gesetzliche Regelung	§229 BGB
Öffentliches Recht	Rechtsgebiet	Privates Recht
Vorliegen einer Straftat	Voraussetzungen	Zivilrechtlicher Anspruch
Einleitung der Strafverfolgung	Ziel	Anspruchssicherung
Nein	Gesetzliche Pflicht	Nein
Jedermann	Festnahme durch	Geschädigter/ Vertreter
Auf frischer Tat	Zeitliche Abhängigkeit	Abhängig von der Verjährung
Nein!	Schusswaffeneinsatz	Niemals!

7. Datenschutzrecht
BDSG, EU – DSGVO, 16 × LDSG

7.1 Warum Datenschutz?

Jeder hat das Recht auf informationelle Selbstbestimmung!

7.2 Welche Grundrechte werden durch das BDSG geschützt?

Art. 1 ⟶ Menschenwürde
Art. 2 ⟶ Freie Entfaltung der Persönlichkeit

7.3 Zweck §1 BDSG

Schutz vor missbräuchlichem Umgang mit personenbezogenen
Daten im Bezug auf Erhebung, Verarbeitung, Nutzung.

7.4 Personenbezogene Daten

Personenbezogene daten sind Einzelangaben über persönliche
Verhältnisse (1)

- Name, Geburtsdatum,-ort, Religion, Beruf, Hobbys,
  Qualifikation, Telefonnummer usw.

und sachliche Verhältnisse (2)

- Aufenthaltsorte, Vermögen, Einkommen

einer bestimmten oder bestimmbaren Person.

Bestimmt: Jeder auf deutschem Hoheitsgebiet
Bestimmbar: Dazu zählen alle Umstände, die einer bestimmten
Person zuzuordnen sind, wie:

- Vereinszugehörigkeit
- Personalienfragmente
- Fotos
- Personenbeschreibung
- KFZ – Kennzeichen

7.5 Verarbeitung

- Automatisierte Verarbeitung ⟶ elektronisch, digital
- Nicht automatisierte Verarbeitung ⟶ Papier, Akten
- Löschung = unkenntlich machen oder restlos löschen

7.6 Zulässigkeit

⟶ Wenn ein Gesetz es erlaubt, anordnet oder der Betroffene einwilligt (Hinweisen auf Zweck der Speicherung und Übermittlung)

⟶ Allgemein zugänglich oder allgemein bekannt (Internet)

7.7 Besonders geschützte personenbezogene Daten

- Gesundheitliche Daten
- Religiöse Einstellung
- Sexuelle Vorlieben
- Politische Einstellung
- Gewerkschaftszugehörigkeit

7.8 Einwilligung

- Muss freiwillig erfolgen ⟶ grundsätzlich schriftlich

7.9 §4f BDSG Beauftragter Datenschutz

Bei privaten Firmen:

1. Ab 9 Beschäftigten, die bei automatisierter Verarbeitung von personenbezogenen Daten beteiligt sind, ist ein Datenschutzbeauftragter zu bestellen.

2. Werden die personenbezogenen Daten auf andere Weise verarbeitet und mindestens 20 Arbeitnehmer an der Verarbeitung beteiligt sind, so ist ebenfalls ein Datenschutzbeauftragter zu bestellen.

7.10 Aufgaben des Datenschutzbeauftragten

- Verantwortlich für das einhalten von Gesetzen und Vorschriften zum Datenschutz im Betrieb

Bei Datenlecks: Meldung an den Verantwortlichen, ggf. der Aufsichtsbehörde

Der Beauftragte muss zuverlässig sein und über ausreichend Kenntnisse verfügen.

7.11 Datengeheimnis

- Daten dürfen nur befugt erhoben werden
- Datenschutzgeheimnis ist schriftlich zu verpflichten
- Datenschutzgeheimnis besteht auch nach Beendigung ihrer Tätigkeit fort

- Auskunft
- Berichtigung
- Sperrung
- Löschung

7.13 Beobachtung öffentlicher Räume

Videoüberwachung nur zulässig…:
1. zur Aufgabenerfüllung öffentlicher Stellen
2. zur Wahrnehmung des Hausrechts
3. wenn es zur Wahrung berechtigter Interessen für konkret festgelegte Zwecke erforderlich ist
   UND
   dass keine schutzwürdigen Interessen des/ der Betroffenen überwiegen

⟶ Kennzeichnung der verantwortlichen Stelle, Kennzeichnung Videoüberwachung

⟶ Nur zur Abwehr von Gefahren für die staatliche/ öffentliche Sicherheit (Straftaten)

⟶ Löschung, wenn nicht mehr erforderlich

7.14 Schadenersatz

- JA, bei unzulässiger Erhebung, Verarbeitung, Nutzung
- NEIN, bei nötiger Sorgfalt

7.15 Technische und organisatorische Maßnahmen

Private und öffentliche Stellen müssen Daten bestmöglich schützen.

7.16 Verstoß gegen BDSG

Verstöße gegen das BDSG sind grundsätzlich Ordnungswidrigkeiten, die mit einer Geldbuße bestraft werden. Die Art der Begehung (Vorsatz; Fahrlässigkeit) spielt hierfür keine Rolle.

Bei Verkauf von personenbezogenen Daten oder der Absicht einen anderen zu schädigen, wird dies zu einer Straftat (Antragsdelikt).

8. Straf- und Strafverfahrensrecht

8.1 Aufbau StGB

1. Allgemeiner Teil (AT)
   (Grundlagen der Strafbarkeit)
2. Besonderer Teil (BT)
   (Straftatbestände + Rechtsfolgen)

8.2 Allgemeiner Teil

1. Aufbau Straftat
2. Rechtfertigungsgründe
3. Täterschaft/ Teilnahme
4. Vorsatz/ Fahrlässigkeit
5. Verbrechen/ Vergehen
6. Offizialdelikt/ Antragsdelikt
7. Versuch/ Vollendung
8. Begehen durch Unterlassen
9. Garantenstellung

8.3 Besonderer Teil

- Diebstahl
- Unterschlagung
- Körperverletzung
- Hausfriedensbruch
- Sachbeschädigung
- Freiheitsberaubung

→ Straftaten auch in Nebenrechtsgesetzen (WaffG, BtMG, AsylG, etc.)

8.4 Aufbau einer Straftat (TRS)

⟶ Voran geht eine Schuldhafte Handlung

1. Tatbestand
⟶ Objektiver Tatbestand (Äußerer sichtbarer Tatbestand; Tatbestandsmerkmale)
⟶ Subjektiver Tatbestand (Innere Einstellung Des Täters; Vorsatz oder Fahrlässigkeit)

2. Rechtswidrigkeit ⟶ Verstoß gegen geltendes Recht ohne Rechtfertigungsgrund

3. Schuld
⟶ (2) Schuldausschließungsgründe (Person)
§19 StGB Schuldunfähigkeit des Kindes (14)
§20 StGB Schuldunfähigkeit wegen seelischer Störung
⟶ (2) Entschuldigungsgründe (Situation)
← §33 StGB Notwehrüberschreitung (Exzess)
§35 StGB Rechtfertigender Notstand

Nur bei Verwirrung, Furcht und Schrecken

Feststellung der Schuld betrifft die Vorwerfbarkeit der Tat.

8.5 §1 StGB Keine Strafe ohne Gesetz

Die Bestrafung einer Handlung ist nur möglich, wenn die Strafbarkeit vor ihrer Begehung gesetzlich festgelegt war.

⟶ Rückwirkungsverbot

8.6 Putativnotwehr

Putativnotwehr ist eine irrtümlich angenommene Notwehrlage!

8.7 Verbrechen/ Vergehen

Verbrechen sind illegale Handlungen, bei denen eine Freiheitsstrafe von mindestens einem Jahr oder darüber droht.

Vergehen sind illegale Handlungen, die mit einer Geldstrafe oder Freiheitsstrafe von weniger als einem Jahr bedroht sind.

- Verbrechen:	- Vergehen:
- Raub	- Diebstahl
- Räuberischer Diebstahl	- Unterschlagung
- Brandstiftung	- Körperverletzung
- Schwere Körperverletzung	- Sachbeschädigung
- Meineid	- Hausfriedensbruch

8.8 §25 StGB Täterschaft und §26 & §27 StGB Teilnahme

Vor der Tat:

- §26 StGB Anstiftung: Als Anstifter wird gleich einem Täter bestraft, wer vorsätzlich einen anderen zu dessen vorsätzlich begangener rechtswidriger Tat bestimmt hat.

- §25 StGB Täter/ Mittäter = Täterschaft
  (1) Als Täter wird bestraft wer die Tat selbst begeht
  (2) Begehen mehrere Täter die Tat gemeinschaftlich,
     so wird jeder wie der Täter (Mittäter) bestraft.
- §27 StGB Beihelfer = Teilnehmer
  Als Gehilfe wird bestraft, wer vorsätzlich einem anderen
  zu dessen vorsätzlich begangener rechtswidriger Tat
  Hilfe (in Rat und Tat) geleistet hat.

Nach der Tat:

- §257 StGB Begünstigung
  (1) Hilfeleistung durch die Vortat eines anderen
  (2) Vorteilssicherung der Tat

8.9 Offizialdelikt/ Antragsdelikt

Offizialdelikte werden stets von Amts wegen verfolgt
(dabei gilt Strafverfolgungszwang – Legalitätsprinzip)
(z.B. Diebstahl, Unterschlagung, Betrug, Nötigung)

Antragsdelikte werden nur auf Antrag des Geschädigten
verfolgt (Strafantrag)
Frist: beginnt 3 Monate ab Kenntnis Tat und Täter
(z.B. Körperverletzung, Beleidigung, Hausfriedensbruch,
Sachbeschädigung)

8.10 Antragsdelikte

Absolute Antragsdelikte:

Strafanatrag des Geschädigten IMMER erforderlich.
(Hausfriedensbruch, Beleidigung)

Relative Antragsdelikte:

Auch ohne Strafantrag des Geschädigten kann die
Staatsanwaltschaft ein Ermittlungsverfahren und gegebenenfalls
ein Strafverfahren einleiten, wenn es öffentliches Interesse gibt.
(Körperverletzung, Sachbeschädigung)

8.11 Versuch/ Vollendung

- **Versuch:** Wer sich nach seiner Einbildung von der Tat
  unmittelbar auf die Verwirklichung des Tatbestands
  einlässt.
- **Vollendung:** Tatbestandsverwirklichung ist vollendet

Vergehen bei denen der Versuch strafbar ist: Diebstahl,
Unterschlagung, Körperverletzung, Nötigung, Betrug

Vergehen bei denen der Versuch nicht strafbar ist:
Hausfriedensbruch, Amtsanmaßung, Begünstigung,
Beleidigung, Falsche Verdächtigung

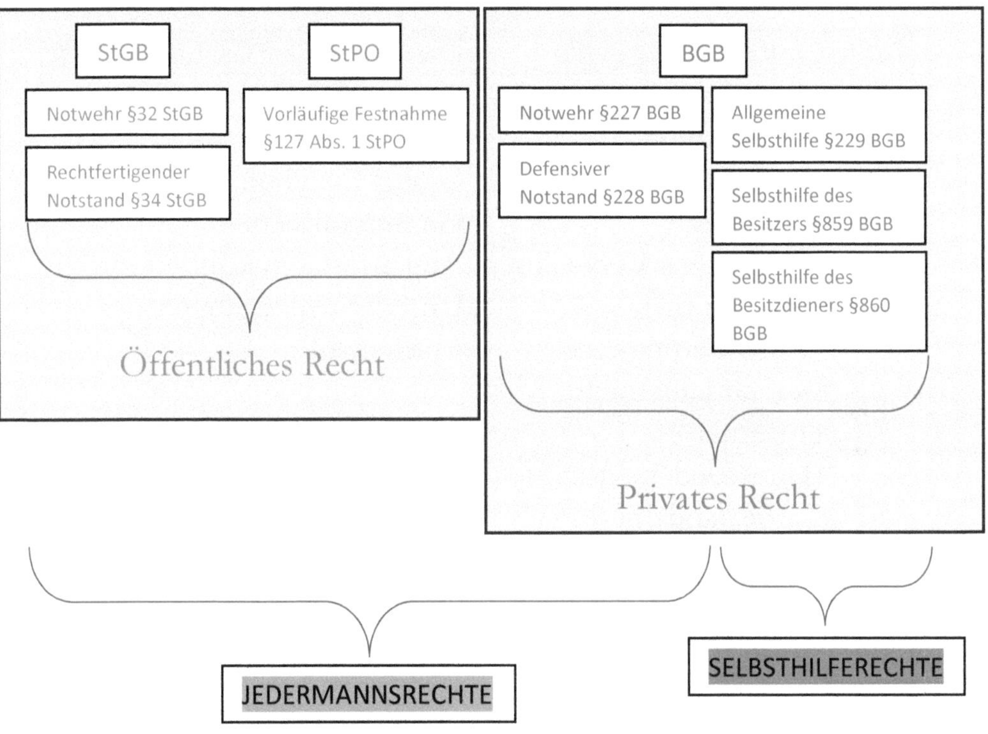

8.12 Begehungsdelikte/ Unterlassungsdelikte

Begehungsdelikte sind Aktives Handeln
Unterlassungsdelikte: (Passiv) trotz gesetzlicher Verpflichtung

8.13 Definition Garantenpflicht/ Garantenstellung

Der Garant hindert den Eintritt der Tatbestandsverwirklichung nicht, obwohl er gesetzlich dazu verpflichtet ist. (Unechtes Unterlassungsdelikt)

8.14 Echte/ Unechte Unterlassungsdelikte

Echte Unterlassungsdelikte	Unechte Unterlassungsdelikte
1. Unterlassene Hilfeleistung 2. Nichtanzeige geplanter Straftaten 3. Unbefugtes Verweilen und sich trotz Aufforderung eines Berechtigten nicht entfernen (Hausfriedensbruch – Tatbestandsmerkmal) Können durch JEDERMANN begangen werden	Garant (Überwacher, Beschützer) Garantenstellung Garantenpflicht Alle Straftaten können durch Unterlassen begangen werden, z.B.: Diebstahl/Raub/Betrug, begangen durch Unterlassen Können nur durch Garanten begangen werden

8.15 Entstehung der Garantenpflicht

1. Durch einen Vertrag (Arbeitsvertrag)
2. Durch Gesetze (Polizei, Justiz, Lehrer, Arzt)
3. Durch Ingerenz (Schaffen von Gefahrenquellen)
4. Durch enge natürliche Verbundenheit (Ehepartner, Familie)
5. Bei einer Gefahrengemeinschaft (Bergsteiger, Fahrgemeinschaft)

8.16 Rechtsfolgen

Freiheitsstrafen gibt es von einem Monat bis zu lebenslänglich
(Nach 15 Jahren ist ein Antrag auf
Haftentlassung möglich).
Geldstrafen: 5€ bis zu 21.600.000€

8.17 Grundsätze StGB

1. ALLE Straftaten sind vom Grundsatz her Offizialdelikte
2. Antragsdelikte sind es NUR, wenn es ausdrücklich im Gesetz vermerkt ist
3. Bei Verbrechen ist der Versuch IMMER strafbar, bei Vergehen NUR wenn es ausdrücklich im Gesetz steht.
4. Grundsätzlich wird NUR der Vorsatz bei Straftaten bestraft. Bei folgenden Straftaten wird auch die Fahrlässigkeit bestraft:

Leben ⟶ Fahrlässige Tötung

Körperliche Unversehrtheit ⟶ Fahrlässige Körperverletzung

Brand ⟶ Fahrlässige Brandstiftung

Umwelt ⟶ Fahrlässige Umweltverschmutzung

Straftatbestände

Geschützte Örtlichkeiten sind: Wohnung, Geschäftsräume, Befriedets Besitztum, Abgeschlossene Räume für den öffentlichen Dienst oder Verkehr bestimmt.

Art des Deliktes: Vergehen
Offizialdelikt oder Antragsdelikt: Absolutes Antragsdelikt
Strafbarkeit des Versuchs: Versuch nicht strafbar

Tatbestandsmerkmale:
1. Das widerrechtliche Eindringen
   ODER
2. Das unbefugte Verweilen UND sich trotz Aufforderung eines Berechtigten nicht entfernen

8.19 §132 StGB Amtsanmaßung (2)

Art des Deliktes: Vergehen
Offizialdelikt oder Antragsdelikt: Offizialdelikt
Strafbarkeit des Versuchs: Versuch nicht strafbar

Tatbestandsmerkmale:
1. Unbefugtes Ausüben eines öffentlichen Amtes
   ODER
2. Eine öffentliche Handlung vornehmen

8.20 §132a StGB Missbrauch von Titeln und Amtsbezeichnungen (1)

Art des Deliktes: Vergehen
Offizialdelikt oder Antragsdelikt: Offizialdelikt
Strafbarkeit des Versuchs: Versuch nicht strafbar

Tatbestandsmerkmale:
1. Unbefugtes Benutzen von Titeln, Amts- oder Dienstbezeichnungen

8.21 §153 StGB Falsche uneidliche Aussage (1)

Art des Deliktes: Vergehen
Offizialdelikt oder Antragsdelikt: Offizialdelikt
Strafbarkeit des Versuchs: Versuch nicht strafbar

Tatbestandsmerkmale:
1. Falsche Aussage als Zeuge/Sachverständiger vor Gericht ohne Vereidigung, trotz besseren Wissens

8.22 §154 StGB Meineid (1)

Art des Deliktes: Verbrechen
Offizialdelikt oder Antragsdelikt: Offizialdelikt
Strafbarkeit des Versuchs: Versuch strafbar

Tatbestandsmerkmale:
1. Unter Eid falsch schwören, trotz besseren Wissens

8.23 §164 StGB Falsche Verdächtigung (1)

Art des Deliktes: Vergehen
Offizialdelikt oder Antragsdelikt: Offizialdelikt
Strafbarkeit des Versuchs: Versuch nicht strafbar

Tatbestandsmerkmale:
1. Falsche Verdächtigung eines anderen, trotz besseren Wissens

8.24 §185 StGB Beleidigung (5)

Art des Deliktes: Vergehen
Offizialdelikt oder Antragsdelikt: Absolutes Antragsdelikt
Strafbarkeit des Versuchs: Versuch nicht strafbar

Tatbestandsmerkmale:
1. Negatives Werturteil über andere
2. Missachtung der Ehre eines anderen

Der Beleidigte muss persönlich Kenntnis darüber erlangen.

Beleidigungsformen:
- Verbal
- Schriftlich
- Zeichen
- Symbole
- Tätlichkeit (Ausspucken)

8.25 §223 StGB (vorsätzliche) Körperverletzung (2)

Grundtatbestand -> Basis für alle anderen KV- Delikte

Art des Deliktes: Vergehen
Offizialdelikt oder Antragsdelikt: Relatives Antragsdelikt
Strafbarkeit des Versuchs: Versuch strafbar

Tatbestandsmerkmale:
1. Körperliche Misshandlung (z.B. Klassische Prügelei)
   ODER
2. Gesundheitsschädigung

Bei Einwilligung des Betroffenen keine Körperverletzung:
z.B. Arzt, Zahnarzt, Tätowierer, Friseur usw.

8.26 §224 StGB Gefährliche Körperverletzung (5)
= Art und Weise – Wie?

Art des Deliktes: Vergehen
Offizialdelikt oder Antragsdelikt: Offizialdelikt
Strafbarkeit des Versuchs: Versuch strafbar

Tatbestandsmerkmale:
1. Gemeinschaftlich (ab 2 Personen)
2. Beibringen von Gift oder gesundheitsgefährdenden Stoffen
3. Mittels eines gefährlichen Werkzeugs/ Waffe
4. Mittels eines hinterlistigen Überfalls
5. Mittel einer das Leben gefährdenden Behandlung

8.27 §226 StGB Schwere Körperverletzung (7)
= Folgen

Art des Deliktes: Verbrechen
Offizialdelikt oder Antragsdelikt: Offizialdelikt
Strafbarkeit des Versuchs: Versuch strafbar

Tatbestandsmerkmale:
1. Verlust des Sehvermögens (Auf einem Auge)
2. Verlust des Hörvermögens (Taubheit)
3. Verlust des Sprechvermögens (Stumm)
4. Verlust der Fortpflanzungsfähigkeit
5. Verlust eines wichtigen Körpergliedes (Extremitäten)
6. Erhebliche Entstellung (Verbrennung, Narben)
7. Siechtum, Lähmung, Behinderung, geistige Krankheit

8.28 §229 StGB Fahrlässige Körperverletzung (2)

Art des Deliktes: Vergehen
Offizialdelikt oder Antragsdelikt: Relatives Antragsdelikt
Strafbarkeit des Versuchs: Versuch nicht möglich

Tatbestandsmerkmale:
1. Körperliche Misshandlung (durch Unachtsamkeit)
   ODER
2. Gesundheitsschädigung (durch Unachtsamkeit)

8.29 §239 StGB Freiheitsberaubung (2)

Art des Deliktes: Vergehen
Offizialdelikt oder Antragsdelikt: Offizialdelikt
Strafbarkeit des Versuchs: Versuch strafbar

Tatbestandsmerkmale:
1. Das Einsperren
   ODER
2. Das Berauben der Freiheit auf andere Weise

Wird zu einem Verbrechen, bei:
1. Länger als eine Woche der Freiheit berauben
2. Schwere Gesundheitsschädigung

Kleinkinder, Bewusstlose und Schlafende haben keinen Freiheitsdrang daher Freiheitsberaubung nicht möglich.

8.30 §240 StGB Nötigung (3)

Art des Deliktes: Vergehen
Offizialdelikt oder Antragsdelikt: Offizialdelikt
Strafbarkeit des Versuchs: Versuch strafbar

Tatbestandsmerkmale:
1. Jemanden mit Gewalt
   ODER
2. Drohung mit einem empfindlichen Übel
3. Zu einer Handlung, Duldung oder Unterlassung nötigen

8.31 §242 StGB Diebstahl (5)

Art des Deliktes: Vergehen
Offizialdelikt oder Antragsdelikt: Offizialdelikt (ab 25€)
Strafbarkeit des Versuchs: Versuch strafbar

Tatbestandsmerkmale:
1. Wegnahme einer (Bruch fremden Gewahrsams, begründen eigenen Gewahrsams)
2. fremden (Täter ist nicht der Eigentümer oder Besitzer)
3. beweglichen (transportabel)
4. Sache (§90 BGB)

Objektiv

5. Rechtswidrige Zueignungsabsicht für sich oder Dritte

Subjektiv

8.32 §243 StGB Besonders schwerer Fall des Diebstahls (8)
= kriminelle Energie wesentlich höher als bei §242 StGB

Art des Deliktes: Vergehen
Offizialdelikt oder Antragsdelikt: Offizialdelikt
Strafbarkeit des Versuchs: Versuch strafbar

Tatbestandsmerkmale:

1. Verwendung eines falschen Schlüssels
2. In einem Raum verborgen halten
3. Schutzvorrichtung beseitigen
4. Gewerbsmäßig stehlen
5. Religiöse Orte bestehlen (gilt auch für Kunst, Wissenschaft und Geschichte z.B. in Museen)
6. Die Hilflosigkeit einer Person ausnutzen
7. Eine erlaubnispflichtige Waffe stehlen
8. In Gebäude, Dienst- oder Geschäftsräume einbrechen oder einsteigen

8.33 §244 Diebstahl mit Waffen (5+1), Bandendiebstahl, Wohnungseinbruchdiebstahl

Art des Deliktes: Vergehen
Offizialdelikt oder Antragsdelikt: Offizialdelikt
Strafbarkeit des Versuchs: Versuch strafbar

Tatbestandsmerkmale:

- Die 5 TBM's des Diebstahls
6. Eine Waffe oder gefährliches Werkzeug mit sich führen

→ Der Einbruch in eine ständig benutzte Wohnung ist ein Verbrechen!

8.34 §246 Unterschlagung (4)

Art des Deliktes: Vergehen
Offizialdelikt oder Antragsdelikt: Offizialdelikt
Strafbarkeit des Versuchs: Versuch strafbar

Tatbestandsmerkmale:
1. Fremde
2. Bewegliche
3. Sache
4. Rechtswidrige Zueignungsabsicht für sich oder Dritte

Unterschied zum Diebstahl = Wegnahme

8.35 §248a StGB Diebstahl/ Unterschlagung geringwertiger Sachen (unter 25€) (5+1)

Art des Deliktes: Vergehen
Offizialdelikt oder Antragsdelikt: Relatives Antragsdelikt
Strafbarkeit des Versuchs: Versuch strafbar

Tatbestandsmerkmale:
- 5 TBM´s des Diebstahls/ 4 TBM´s der Unterschlagung
6. Wertgrenze 25€

8.36 §249 StGB Raub (2) ⟶ Erst „hauen" dann „klauen"

Art des Deliktes: Verbrechen
Offizialdelikt oder Antragsdelikt: Offizialdelikt
Strafbarkeit des Versuchs: Versuch strafbar

Tatbestandsmerkmale:
* Kombination aus (1) Nötigung und (2) Diebstahl

8.37 §252 Räuberischer Diebstahl (2)
⟶ Erst „klauen" dann „hauen"

Art des Deliktes: Verbrechen
Offizialdelikt oder Antragsdelikt: Offizialdelikt
Strafbarkeit des Versuchs: Versuch strafbar

Tatbestandsmerkmale:
* Kombination aus (1) Diebstahl und (2) Nötigung

Gewalt oder Drohung mit gegenwärtiger Gefahr für Leib und Leben
Täterabsicht: Besitzsicherung des gestohlenen Gutes
Wesentlich höhere kriminelle Energie des Täters!

8.38 §253 StGB Erpressung (2)

Art des Deliktes: Vergehen
Offizialdelikt oder Antragsdelikt: Offizialdelikt
Strafbarkeit des Versuchs: Versuch strafbar

Tatbestandsmerkmale:
- (1) Nötigung mit (2) Bereicherungsabsicht

8.39 §257 StGB Begünstigung (1)

Art des Deliktes: Vergehen
Offizialdelikt oder Antragsdelikt: Relatives Antragsdelikt
Strafbarkeit des Versuchs: Versuch nicht strafbar

Tatbestandsmerkmale:
- Unterstützung einer rechtswidrigen Handlung eines anderen zur Sicherung der Vorteile der Tat für den Täter

8.40 §259 StGB Hehlerei (4)   „Hehler ist niemals Stehler"

Art des Deliktes: Vergehen
Offizialdelikt oder Antragsdelikt: Offizialdelikt
Strafbarkeit des Versuchs: Versuch strafbar

Tatbestandsmerkmale:
1. Eine Sache die ein anderer gestohlen hat
2. Ankaufen
3. Absetzen
4. Um sich rechtswidrig zu bereichern

8.41 §263 Betrug (6)

Art des Deliktes: Vergehen
Offizialdelikt oder Antragsdelikt: Offizialdelikt
Strafbarkeit des Versuchs: Versuch strafbar

Tatbestandsmerkmale:

Objektiv	Subjektiv
1. Täuschungshandlung	6. Rechtswidrige Bereicherungsabsicht für sich oder Dritte
2. Irrtumserregung	
3. Vermögensverfügung	
Vermögensschaden 4. Vermögensvorteil 5. Vermögensnachteil	

8.42 §265a Erschleichen von Leistungen (4)

Art des Deliktes: Vergehen
Offizialdelikt oder Antragsdelikt: Offizialdelikt
Strafbarkeit des Versuchs: Versuch strafbar

Tatbestandsmerkmale:
Eine Leistung in Anspruch nehmen OHNE Entgelt zu entrichten.
1. Telekommunikationsnetz
2. Beförderung von Verkehrsmitteln (Schwarzfahren)
3. Zutritt von Veranstaltungen
4. (Leistungs-) Automaten (Fahrkarten, Musikbox, Flipper, etc.)

8.43 §266 StGB Untreue (2)

Art des Deliktes: Vergehen
Offizialdelikt oder Antragsdelikt: Offizialdelikt
Strafbarkeit des Versuchs: Versuch strafbar

Tatbestandsmerkmale:
1. Befugnis fremder Vermögensverwaltung UND
2. Missbrauch dieses Vermögens

8.44 §267 StGB Urkundenfälschung (3)
Eine Urkunde ist eine verkörperte Gedankenerklärung

Merkmale einer Urkunde: Allgemeine Verständlichkeit;
Erkennbarkeit des Ausstellers; zum Beweis geeignet; zum
Beweis bestimmt

Art des Deliktes: Vergehen
Offizialdelikt oder Antragsdelikt: Offizialdelikt
Strafbarkeit des Versuchs: Versuch strafbar

Tatbestandsmerkmale:
1. Das Herstellen einer unechten Urkunde
   ODER
2. Das Verfälschen einer echten Urkunde
3. zur Täuschung im Rechtsverkehr

8.45 §281 StGB Missbrauch von Ausweispapieren (3)

Art des Deliktes: Vergehen
Offizialdelikt oder Antragsdelikt: Offizialdelikt
Strafbarkeit des Versuchs: Versuch strafbar

Tatbestandsmerkmale:
1. Ausweismissbrauch
2. Einen Ausweis einem anderen überlassen
3. zur Täuschung im Rechtsverkehr

8.46 §303 StGB Sachbeschädigung (5)

Art des Deliktes: Vergehen
Offizialdelikt oder Antragsdelikt: Relatives Antragsdelikt
Strafbarkeit des Versuchs: Versuch strafbar

Tatbestandsmerkmale:
1. Eine fremde
2. Sache
3. Beschädigen
   ODER
4. Zerstören
   ODER
5. Das Erscheinungsbild nachhaltig und nicht unerheblich verändern

8.47 §306 StGB Brandstiftung (2)

Art des Deliktes: Verbrechen
Offizialdelikt oder Antragsdelikt: Offizialdelikt
Strafbarkeit des Versuchs: Versuch strafbar

Tatbestandsmerkmale:
1. Eine fremde Sache in Brand stecken
2. Einen Brand legen

8.48 §323c StGB Unterlassene Hilfeleistung (1)

Art des Deliktes: Vergehen
Offizialdelikt oder Antragsdelikt: Offizialdelikt
Strafbarkeit des Versuchs: Versuch nicht strafbar

Tatbestandsmerkmale:
1. Keine Hilfeleistung trotz gesetzlicher Verpflichtung bei Unglücksfällen oder gemeiner Gefahr oder Not.

Hinweis: Hilfeleistung muss erforderlich und zumutbar sein

8.49 §163 StPO Pflichten als Zeuge vor Gericht

1. Erscheinungspflicht
2. Wahrheitspflicht
   Ausnahmen: Zeugnisverweigerungsrecht bei:
   - Selbstbelastung (Straftat und Ordnungswidrigkeit)
   - Nahe Angehörige (Eltern, Kinder, Geschwister, Lebenspartner)

8.50 §152 StPO Aufgaben der Staatsanwaltschaft

- Strafverfolgung (Legalitätsprinzip)
  Ermittlung und Erforschung von Straftaten
- Anklagebehörde
  „Der Staatsanwalt ist Herr des Verfahrens"

9. Unfallverhütungsvorschriften

DGUV = Deutsche Gesetzliche Unfallversicherung
DGUV V23: Wach- und Sicherungsdienste
DGUV V1: Grundsätze der Prävention

Träger der gesetzlichen Unfallversicherung:
Sozialgesetzbuch VII

Die für uns zuständige Berufsgenossenschaft:
Verwaltungsberufsgenossenschaft

DGUV V23

9.1 §1 Geltungsbereich

- Sicherung von Objekten einschließlich Werkschutz
- Revier- und Streifendienst
- Sicherungs-, Kontroll- und Ordnungsdienst in öfftl. Bereichen
- Personenschutz
- Sicherungs- und Ordnungsdienst bei Veranstaltungen z.B. Diskotheken
- Sicherungs- und Kontrolldienst in Justiz/ Asyl…
- Geld- oder Werttransport

9.2 §2 Allgemeines

Gilt für Unternehmer und Versicherte.

9.3 §3 Eignung (Erforderliche Befähigung)

- Körperliche und geistige Eignung + persönlich zuverlässig
- 18 Jahre
- Angemessen ausgebildet für die jeweilige Tätigkeit

9.4 Allgemeine Ausbildung

- Dienst- und Fachkunde
- Brandschutz
- Erste Hilfe

9.5 Spezielle Ausbildung

- Personenschutz
- Geld- oder Werttransport
- Führung von Diensthunden
- Umgang mit Schusswaffen

1. Der Unternehmer hat das Verhalten des Wach- und Sicherungspersonals einschließlich des Weitermeldens von Mängeln und besonderen Gefahren durch Dienstanweisungen zu regeln.
2. Der Unternehmer hat dafür zu sorgen, dass das Wach- und Sicherungspersonal anhand der Dienstanweisungen vor Aufnahme der Tätigkeit und darüber hinaus regelmäßig unterwiesen wird. Außerdem ist das sicherheitsgerechte Verhalten bei besonderen Gefahren so weit wie möglich zu üben.
3. Sie dürfen keine Weisungen des Auftraggebers befolgen, die dem Sicherungsauftrag entgegenstehen

9.7 Allgemeine Dienstanweisung

- Rechte und Pflichten
- Verschwiegenheit
- Eigensicherung
- Umgang mit Schusswaffen
- Verbot von Schreck-, Reizstoff- oder Signalschusswaffen sowie von schusswaffenähnlichen Gegenständen
- Verbot berauschender Mittel

9.8 Spezielle Dienstanweisung

⟶ Umfang und Ablauf der jeweiligen Wach- und
Sicherungstätigkeit einschließlich aller vorgesehenen
Nebentätigkeiten

Die Aufzeichnungen der Unterweisungen sind personen- und
tätigkeitsbezogen zu führen.

Die Versicherten dürfen Tätigkeiten, die nicht in der speziellen
Dienstanweisung festgelegt sind, nicht durchführen.

9.9 §5 Verbot berauschender Mittel

- Alkohol und berauschende Mittel sind während der
  Dienstzeit verboten.
- Bei Dienstantritt ⟶ Nüchternheit (0,00 Promille)

9.10 Übernahme von Wach- und Sicherungsaufgaben

1. Das Unternehmen darf einen Bewachungsauftrag erst
   übernehmen, wenn eventuelle Gefahrenstellen beseitigt
   und abgesichert sind
2. Nebentätigkeiten müssen schriftlich festgelegt sein

Der Unternehmer hat sicherzustellen, dass der SMA überwacht wird, wenn sich bei Sicherungstätigkeiten besondere Gefahren ergeben können, oder bei Tätigkeiten mit hohem Konfliktpotenzial.

→ Sachkundepflichtige Tätigkeiten

9.12 Objekteinweisung

Der Unternehmer hat dafür zu sorgen, dass SMA für das jeweilige Objekt und die spezifischen Gefahren eingewiesen sind.

Grundsätzlich müssen SMA zu der Zeit eingewiesen werden, zu der ihr Dienst stattfindet. Allerdings müssen bei Nacht eingesetzte SMAs sowohl bei Dunkelheit als auch bei Tageslicht eingewiesen werden.

9.13 Ausrüstung

- Entsprechendes Schuhwerk
- Bei Dunkelheit: Handlampe/ Taschenlampe
- Einrichtungen, Ausrüstungen und Hilfsmittel in ordnungsgemäßen Zustand

→ SMA ist in deren Handhabung unterwiesen

→ Bewegungsfreiheit gewährleistet

9.14 Brillenträger

- Brille gegen Verlust sichern
  ODER
- Ersatzbrille mitführen

9.15 Hunde

- Nur geprüfte Hunde mit Hundeführer dürfen eingesetzt werden (Nachweis 1 mal pro Jahr)
→ Nicht geeignet sind bösartige oder personengefährdende Hunde
- Training: Nur 15 min täglich ohne spielen
- Einsatz: Maximal 2 Std. am Stück ⟶ Überforderung vermeiden
- Ungeprüfte Hunde: Nur zu Wahrnehmungs- und Meldeaufgaben

9.16 Hundehaltung, Hundeführer + Transport

Hundezwinger⟶ muss Einzelhaltung ermöglichen

Hundeführer ⟶ dürfen nur unterwiesene Personen sein
⟶ Bei mehreren Hundeführern: gleiche Kommandosprache
Transport⟶ Gitter, Netze, Hundeboxen als Abtrennung zum Fahrzeugraum

- Nur Versicherte die nach dem Waffenrecht zuverlässig, geeignet und ausgebildet sind, dürfen mit Schusswaffen ausgerüstet werden
- Regelmäßige Teilnahme an Schießübungen (4 pro Jahr)
- Waffensachkunde

- Das Bereithalten und Führen von Schreck- oder Gasschusswaffen ist bei der Durchführung von Wach- und Sicherungsaufgaben unzulässig
- Schusswaffen müssen in geeigneten Trageeinrichtungen geführt werden. Das Abgleiten oder Herausfallen der Waffe muss durch eine Sicherung verhindert sein
- Munition darf nicht lose mitgeführt werden

1. Übergabe nur im entladenen Zustand
2. Der Übernehmende hat sich sofort vom Ladezustand der Waffe zu überzeugen ⟶ Mängel
3. Bei Mängeln ⟶ Führungsverbot
4. Beim Laden und Entladen von Schusswaffen muss diese an einem sicheren Ort auf eine Kugelfangeinrichtung gerichtet sein

DGUV V1

9.20 Pflichten des Unternehmers und des Versicherten

Unternehmer:

- Geltungsbereich
- Grundpflichten des Unternehmers
- Unterweisung der Versicherten
- Befähigung für Tätigkeiten
- Gefährliche Arbeiten

Versicherte:

- Allgemeine Unterstützungspflichten und Verhalten
- Benutzung von Einrichtungen, Arbeitsmitteln und Arbeitsstoffen

9.21 Allgemeine Vorschriften der DGUV V1; Geltungsbereiche der UVV

1. Unfallverhütungsvorschriften gelten für Unternehmer und Versicherte

   Sie gelten auch:
2. Für Unternehmer und Beschäftigte von ausländischen Unternehmen

9.22 Pflichten des Unternehmers

- Der Unternehmer hat die erforderlichen Maßnahmen zur Verhütung von Arbeitsunfällen, Berufskrankheiten und arbeitsbedingten Gesundheitsgefahren sowie für eine wirksame Erste Hilfe zu treffen
- Der Unternehmer darf keine sicherheitswidrigen Weisungen treffen

9.23 Unterweisung der Versicherten

Der Unternehmer hat die Versicherten über Sicherheit und Gesundheitsschutz bei der Arbeit, insbesondere über die mit ihrer Arbeit verbundenen Gefährdungen und die Maßnahmen zu ihrer Verhütung zu unterweisen.

Die Unterweisung muss mindestens aber einmal jährlich erfolgen, sie muss dokumentiert werden.

9.24 Befähigung für Tätigkeiten

- Der Unternehmer hat die für die bestimmte Tätigkeiten festgelegten Qualifizierungsanforderungen zu berücksichtigen

9.25 Gefährliche Arbeiten

- Wird eine gefährliche Arbeit von einer Person allein ausgeführt, so hat der Unternehmer über die allgemeinen Schutzmaßnahmen hinaus für geeignete technische oder organisatorische Personenschutzmaßnahmen zu sorgen

9.26 Zutritts- und Aufenthaltsverbote

Der Unternehmer hat dafür zu sorgen, dass Unbefugte Betriebsteile nicht betreten, wenn dadurch eine Gefahr für Sicherheit und Gesundheit entsteht

9.27 Zugang zu Vorschriften und Regeln

Der Unternehmer hat den Versicherten die für sein Unternehmen geltenden Unfallverhütungsvorschriften an geeigneter Stelle zugänglich zu machen.

9.28 Pflichten der Versicherten (weisungsgebunden)

- Die Versicherten dürfen erkennbar gegen Sicherheit und Gesundheit gerichtete Weisungen nicht befolgen
- Versicherte dürfen sich durch den Konsum von Alkohol, Drogen oder anderen berauschenden Mitteln nicht in einen Zustand versetzen, durch den sie sich selbst oder andere gefährden können
- Gilt auch für die Einnahme von Medikamenten

In Unternehmen mit regelmäßig mehr als 20 Beschäftigten hat der Unternehmer Sicherheitsbeauftragte in der erforderlichen Anzahl zu bestellen

9.30 Allgemeine Pflichten des Unternehmers (Erste Hilfe)

- Der Unternehmer hat dafür zu sorgen, dass zur Ersten Hilfe und zur Rettung aus Gefahr die erforderlichen Einrichtungen und Sachmittel, sowie das erforderliche Personal zur Verfügung stehen
- Der Unternehmer hat dafür zu sorgen, dass jede Erste Hilfe Leistung dokumentiert und diese Dokumente fünf Jahre lang verfügbar gehalten wird. Die Dokumente sind vertraulich zu behandeln.

9.31 Zahl und Ausbildung der Ersthelfer

Der Unternehmer hat dafür zu sorgen, dass für die Erste – Hilfe – Leistung, Ersthelfer in folgender Zahl zur Verfügung stehen:

Bei 2 – 20 anwesenden Versicherten ⟶ 1 Ersthelfer
Bei mehr als 20 anwesenden Versicherten ⟶ 5%

Der Unternehmer hat dafür zu sorgen, dass die Ersthelfer in der Regel in Zeitabständen von zwei Jahren fortgebildet werden

9.32 Bereitstellung

Der Unternehmer hat den Versicherten geeignete persönliche Schutzausrüstung (PSA) bereitzustellen

9.33 Benutzung der persönlichen Schutzausrüstung

Die Versicherten haben die persönlichen Schutzausrüstungen bestimmungsgemäß zu benutzen, regelmäßig auf ihren ordnungsgemäßen zustand zu prüfen und festgestellte Mängel dem Unternehmer unverzüglich zu melden

9.34 Verstöße

Verstöße gegen die DGUV V1 werden als Ordnungswidrigkeiten geahndet und mit einer Geldbuße bis zu 10.000 € bestraft.

10. Grundzüge der Sicherheitstechnik

Für Stahlschränke und Panzergeldschränke verwendet man Zuhaltungsschlösser.

Warum?

- Sie haben eine erheblich größere mechanische Widerstandswirkung
- Die Nachschließsicherheit ist besser, wenn mindestens 6-7 Zuhaltungen gegeben sind

Doppelbartschlüssel:

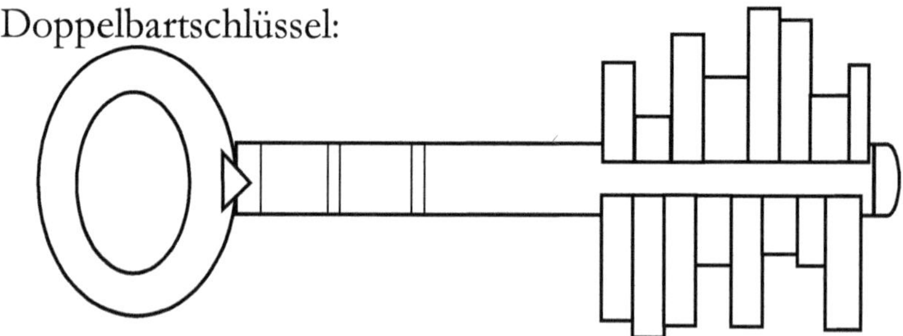

Schutzbeschläge/ Rosetten:

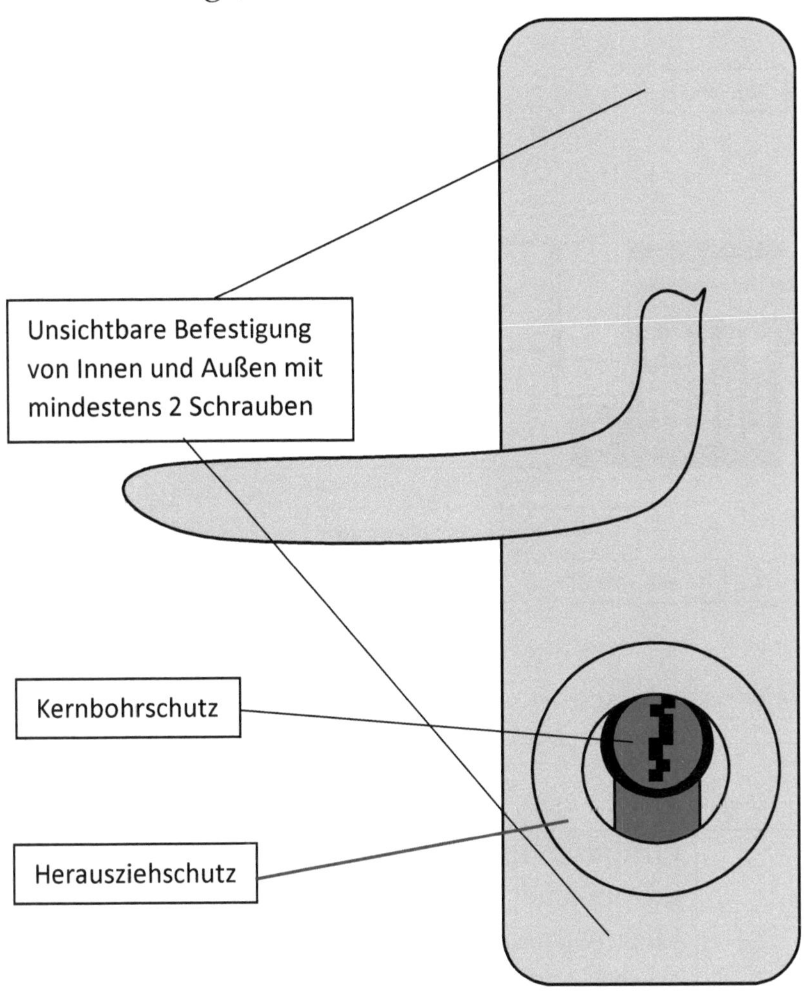

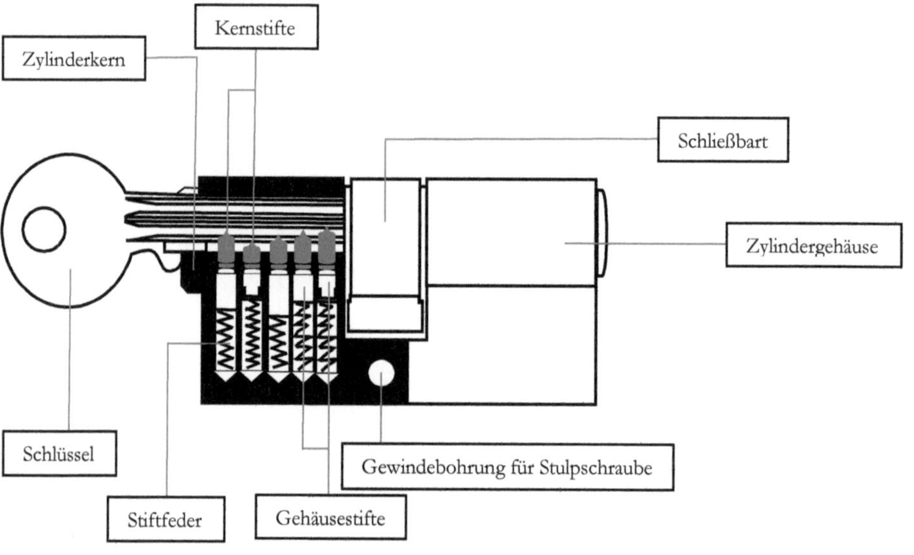

10.3 Widerstandsklassen

Widerstands-klasse	Erwarteter Tätertyp
WK 1	Grundschutz gegen Aufbruchversuche mit körperlicher Gewalt wie Gegentreten, Gegenspringen, Schulterwurf (Vandalismus). ⟶ Geringer Schutz gegen Hebelwerkzeug
WK 2	Der Gelegenheitstäter versucht, zusätzlich mit einfachen Werkzeugen wie Schraubendreher, Zange und Kelle, das verschlossene und verriegelte Bauteil aufzubrechen.

WK 3	Der Täter versucht zusätzlich mit einem Schraubendreher und einem Kuhfuß das verschlossene und verriegelte Bauteil aufzubrechen.
WK 4	Der erfahrene Täter setzt zusätzlich Sägewerkzeuge und Schlagwerkzeuge wie Schlagaxt, Stemmeisen, Hammer und Meißel sowie eine Akku-Bohrmaschine ein.
WK 5	Der erfahrene Täter setzt zusätzlich Elektrowerkzeuge, wie Bohrmaschine, Stich- oder Säbelsäge und Winkelschleifer ein.
WK 6	Der erfahrene Täter setzt zusätzlich leistungsfähige Elektrowerkzeuge, wie Bohrmaschine, Stich- oder Säbelsäge und Winkelschleifer ein.

10.4 Widerstandswert/ Widerstandszeit/ Interventionszeit

Der **Widerstandswert** ist nur eine abstrakte Größe oder eine Einheit, welche die Widerstandsfähigkeit eines Objektes (z.B. Wand, Zaun o.ä.) gegenüber Überwindungsversuchen und Angriffen angibt. Dies kann z.B. die Angabe von Widerstandsklassen (WK 1 – geringer Widerstand bis WK 6 – sehr hoher Widerstand) sein.

Die **Widerstandszeit** ist die Zeit, die ein Täter benötigt um eine bestimmte mechanische Sicherheitseinrichtung – z.B. einen Zaun – zu überwinden. Je höher die Widerstandszeit ist, desto besser.

Die **Interventionszeit** ist die Zeit, die ein Sicherheitsmitarbeiter von Auslösung eines Alarmes bei einem Objekt bis zur Ankunft bei dem Objekt benötigt. Je kürzer diese Zeit ist, desto besser.

Idealfall: Interventionszeit < Widerstandszeit

10.5 Prinzip TOP

Allgemein kann die höchstmögliche Sicherheit nur durch ein perfektes Zusammenspiel von
technischen (z.B. Einbruchmeldeanlage),
organisatorischen (z.B. Vorgehen nach Alarmplan) und
personellen Maßnahmen (z.B. Kontrolle durch Revierfahrer) erreicht werden.

10.6 Arten von Sicherheitsglas

- Einscheibensicherheitsglas (ESG)
- Verbundsicherheitsglas (VSG)

1. Durchwurfhemmende Verglasung
2. Durbruchhemmende Verglasung
3. Durchschusshemmende Verglasung
4. Sprengwirkungshemmende Verglasung

Zusätzliche Fenstersicherung:
- Fenstergitter (Rollkern – Sicherung)
- Bügelschloss
- Abschließbare Fensterhebel
- Rollläden (Sicherung gegen aufschieben)

10.8 Türschutz

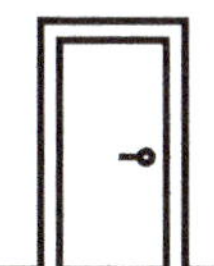

Feuerhemmende Türen sind mit einem "T" und einer Zahl
(z.B. 60) bezeichnet. T60 – bedeutet, dass eine Tür 60 Minuten
einem Feuer standhalten kann.

Zusätzliche Türsicherung:
- Bügelschloss
- Querrieglschloss
- Türspion
- Videosprechanlage

10.9 Notausgang

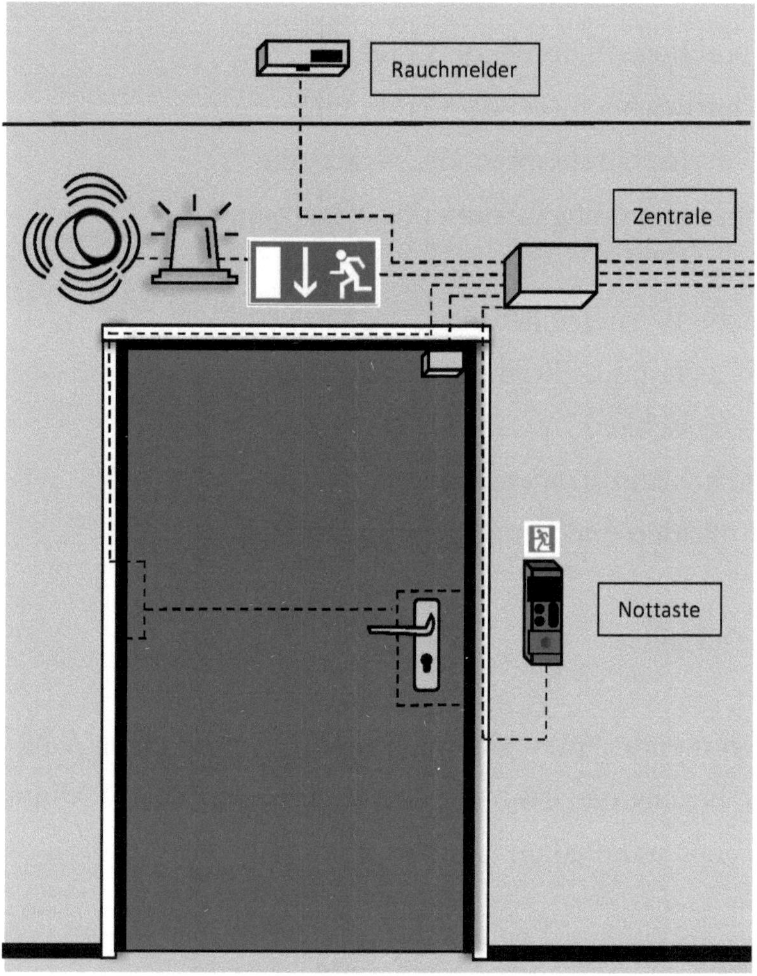

Türwächter:

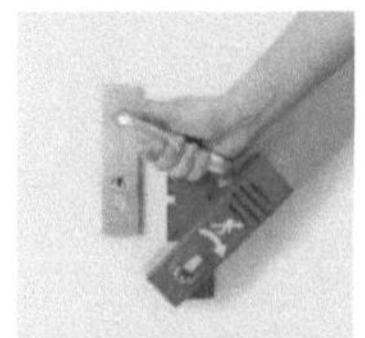

Ein-Hand-Türwächter:

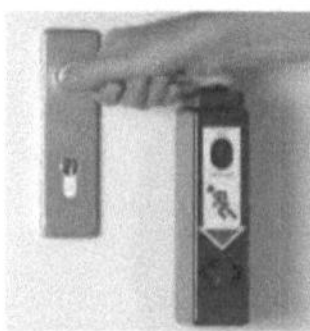

Transpondertechnik:
- Fälschungssicher
- Mehrmals verwendbar
- Durch eigene Schreib- und Leseeinheit unabhängig

Mehr Sicherheit durch:
- Funkstech- System für Personen- und Objektschutz
- Sofortmeldung über Bündelfunk mit Datum und Uhrzeit
- Speicherung der Daten bei Funkschatten
- Integrierter Totmannschalter- Unfallmelder

10.11 Betriebsfunk

Ein Funknetz des Betriebsfunks besteht in der Regel aus einer ortsfesten Funkanlage mit einer Anzahl dazugehöriger mobiler Funkstellen.

Für ein Betriebsfunknetz wird gewöhnlich ein Funkversorgungsbereich mit einem Radius von 10-19 Km genehmigt.

Maximal 100 Funkgeräte je Kanal.

- Funkarten: Betriebsfunk, Bündelfunk
- Funkgerätearten: Handfunkgerät, Feststation, Fahrzeugfunk
- Verkehrsarten: Linien-, Stern-, Kreis-, Querverkehr
- Funksprechverkehr: Funkdisziplin, deutlich sprechen – nicht zu schnell, Namen und schwer verständliche Begriffe buchstabieren (Nato Alphabet), keine privaten Gespräche
- Wesentliche Bestandteile eines Handfunkgerätes: Sender, Empfänger, Antenne Batterie/ Stromversorgung, Gehäuse, Bedienteil Rauschsperre, Totmannschaltung, Wächterkontrolleinrichtung

10.13 Nato Alphabet (Buchstabieren)

A = Alpha	N = November
B = Bravo	O = Oscar
C = Charlie	P = Papa
D = Delta	Q = Quebec
E = Echo	R = Romeo
F = Foxtrott	S = Sierra
G = Golf	T = Tango
H = Hotel	U = Uniform
I = India	V = Victor
J = Juliett	W = Whiskey
K = Kilo	X = X-Ray
L = Lima	Y = Yankee
M = Mike	Z = Zulu

10.14 Time Track

= Mobiler GPS-Tracker mit Echtzeitübertragung und
Panikfunktion

Einsatz bei:

- Personenortung
- Sicherheitsortung
- Fahrzeugortung
- Güterortung
- Notruf-Funktion

Eigenschaften:

- Ereignismeldung nach Zeit, Entfernung oder
  Richtungsänderung
- Frei konfigurierbare Notruftaste für schnelle Reaktion
- Automatische Benachrichtigung bei Betreten/ Verlassen
  von Bereichen

10.15 Personen-Notruf-System (PNS)

- GPS Positionsbestimmung
- Überwachungssensoren
- Alarmauslösung
- Echtzeitdatenübertragung
- Drei Sicherheitstasten für den Notfall
- Webbasiertes Online-Portal

Vorteile des PNS:

- Wasserdicht bis zu 2m Tiefe
- Übersteht Stürze auf Beton aus 2m Höhe
- Display extrem groß und kratzfest
- Gute Akkuleistung
- Omnidirektionales Mikrofon mit Geräuschunterdrückung
- Staubundurchlässig
- Geeignet für extreme Temperaturen (-20° bis +55°C)
- Haltbare Materialen

10.16 Wächterkontrollsystem

- Moderne NFC- Technik
- Notruftaste
- GPS- Positionsbestimmung
- Echtzeitübertragung der Kontrolltouren
- Komplette Verwaltung von Reviertouren
- Fotofunktion mit Bemerkungen
- Totmannschaltung
- Zeiterfassung & Nachweisführung
- Umfangreiche Auswertungen

10.17 Gefahrenmeldeanlagen (GMA)

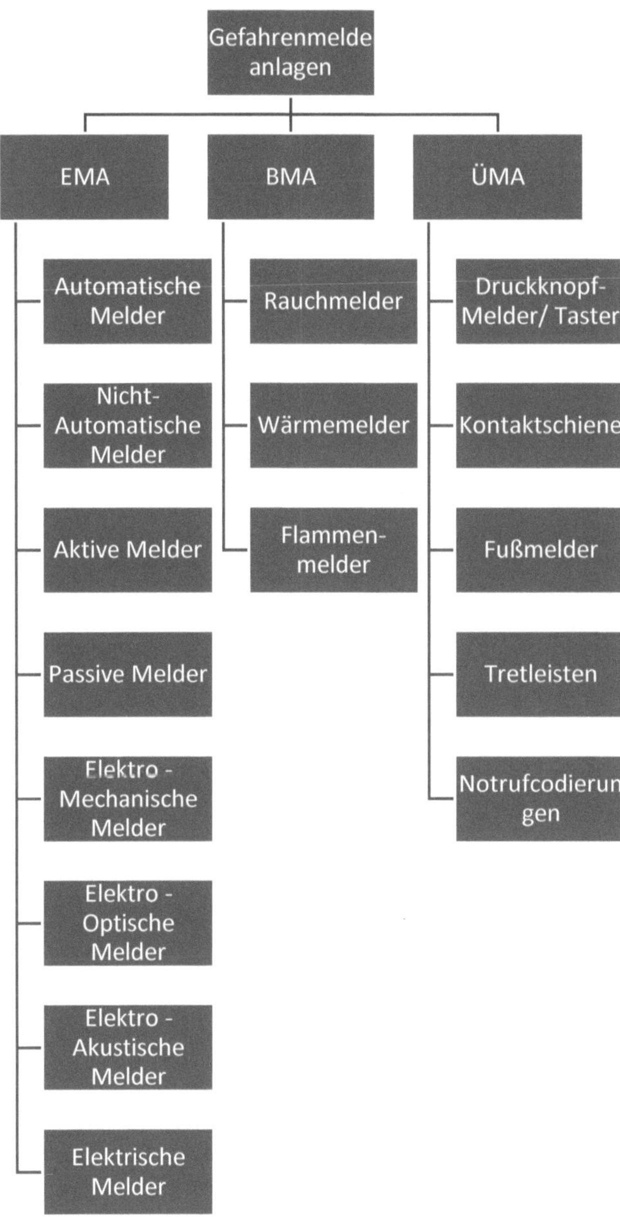

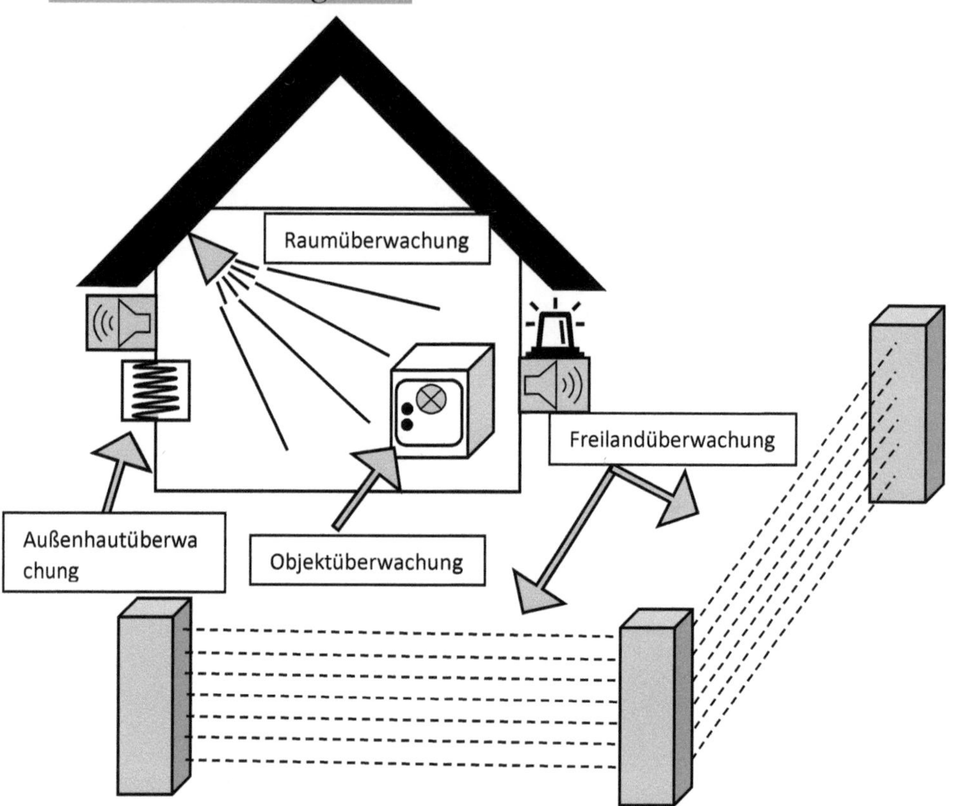

Beispiele für Freilandüberwachung:

- Boden-, Zaun-, Spanndrahtmelder
- Mikrowellen- und Radar- Richtstrecke
- IR-Lichtschranke
- Elektronisches Feld

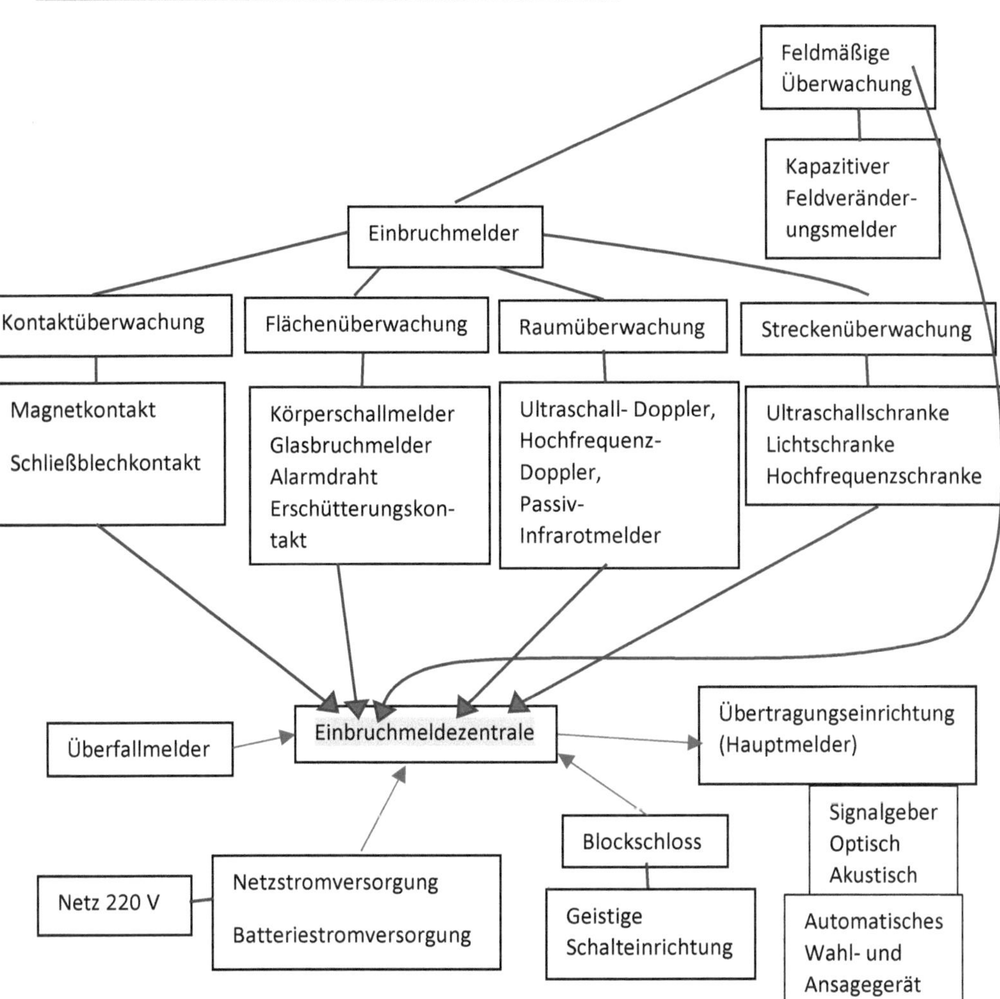

Feldmäßige Überwachung
Kapazitiver Feldveränderungsmelder
Einbruchmelder
Kontaktüberwachung
Flächenüberwachung
Raumüberwachung
Streckenüberwachung
Magnetkontakt
Schließblechkontakt
Körperschallmelder
Glasbruchmelder
Alarmdraht
Erschütterungskontakt
Ultraschall- Doppler, Hochfrequenz-Doppler, Passiv-Infrarotmelder
Ultraschallschranke
Lichtschranke
Hochfrequenzschranke
Überfallmelder
Einbruchmeldezentrale
Übertragungseinrichtung (Hauptmelder)
Signalgeber
Optisch
Akustisch
Blockschloss
Netz 220 V
Netzstromversorgung
Batteriestromversorgung
Geistige Schalteinrichtung
Automatisches Wahl- und Ansagegerät

- **Automatische Melder:**
- (z.B. Bewegungsmelder) bewirken „selbstständig" eine Meldung an die EMA bei Veränderung vorgegebener physikalischer Kenngrößen
- **Nicht- automatische Melder:**
- (z.B. Überfall-Tretleistenmelder) bedürfen der manuellen Auslösung durch anwesende Personen
- Passive Melder (z.B. PIR-Melder)
- Auch als Empfänger zu verstehen, die auf das Eintreten vorgegebener Ereignisse warten
- Aktive Melder (z.B. Ultraschallbewegungsmelder)
- i.d.R. Paarung von Sender und Empfänger die vom Sender ausgestrahlten Signale auffängt und nach Vergleich bei Differenzen, die Sollabweichungen als Alarm- Kriterium der EMA übermittelt

- Elektromechanische Melder
- Elektroakustische Melder
- Elektrooptische Melder
- Elektrische Melder

10.22 Elektromechanische Melder

→ Arbeiten auf mechanischer Basis
➢ Magnetkontakt
➢ Riegel-/ Schließblechkontakt
➢ Alarmdrahttapete/ Alarmdrahtglas

10.23 Elektroakustische Melder

→ Arbeiten mit Hilfe von Schwingungen im Bereich von
   Schallwellen
➢ Passiver/ Aktiver Glasbruchmelder
➢ Ultraschall-Bewegungsmelder
➢ Körperschallmelder

10.24 Elektrooptische Melder

→ Funktionieren auf der Basis von Infrarotstrahlung
➢ Infrarotbewegungsmelder
➢ Infrarotschranke

10.25 Elektrische Melder

→ Nutzen elektromagnetische Wellen- oder
   Kapazitätsveränderungen
➢ Kapazitive Feldveränderungsmelder

- 60-120 Minuten Feuerfest bei 920-1010°C
- Geprüft und zertifiziert durch UL-USA nach UL72 Klasse 350 mit 1 bis 1,5 Stunden Feuersicherheit
- Extra robuste Hängeregistratur- Auszüge
- 6- fache Verriegelung
- Sturzfest aus 9 Metern

10.27 Intrusionsschutz

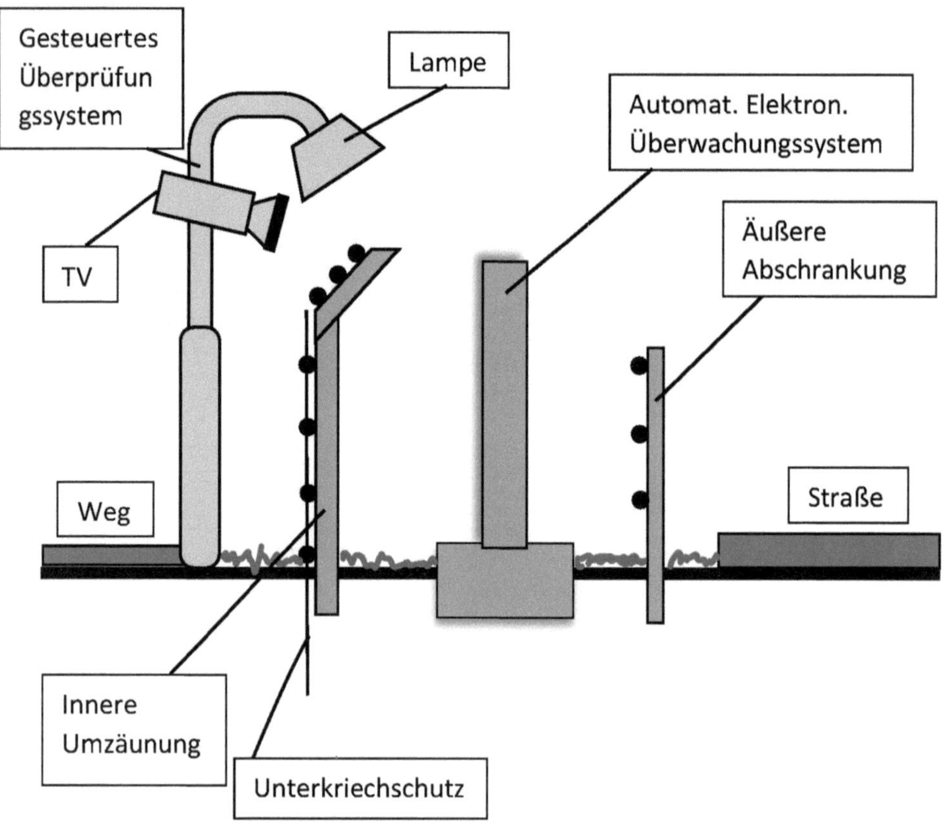

- Unterkriechschutz
- Untergrabschutz
- Übersteigschutz
- Schutz vor Durchreichen
- Möglichst geradliniger Verlauf
- Möglichst hoch (ca. 2,50 m)
- Möglichst tief (ca. 80 cm)
- Engmaschigkeit

10.29 Perimetersysteme

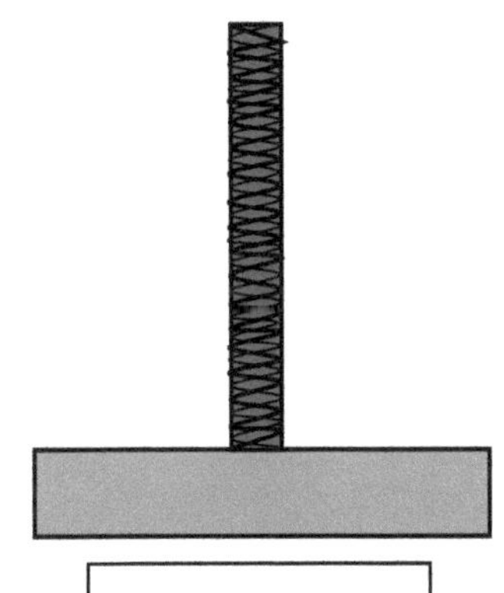

Perifon

Mikrofonkabel

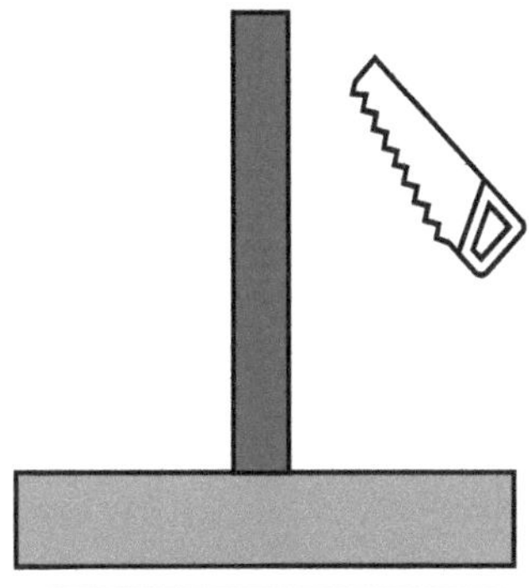

Peristop

Durchschneiden
erkennende Zäune

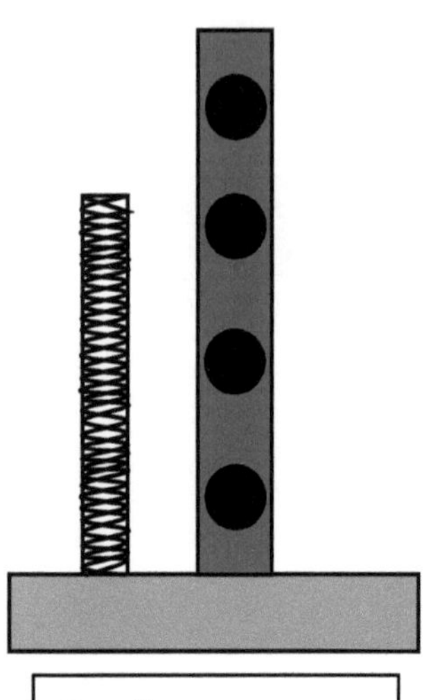

Perlic

(Infrarot Schranke)

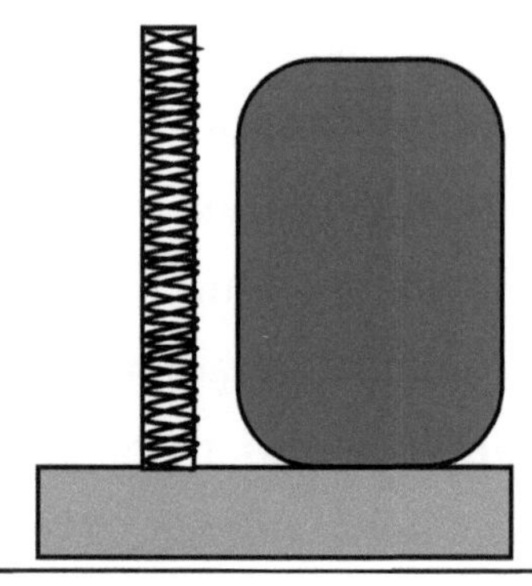

Permic

(Mikrowellen Richtstrecke)

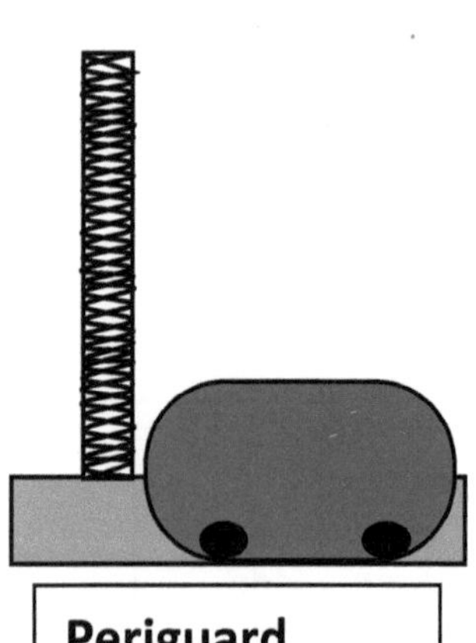

Periguard

HF-Sensorkabel

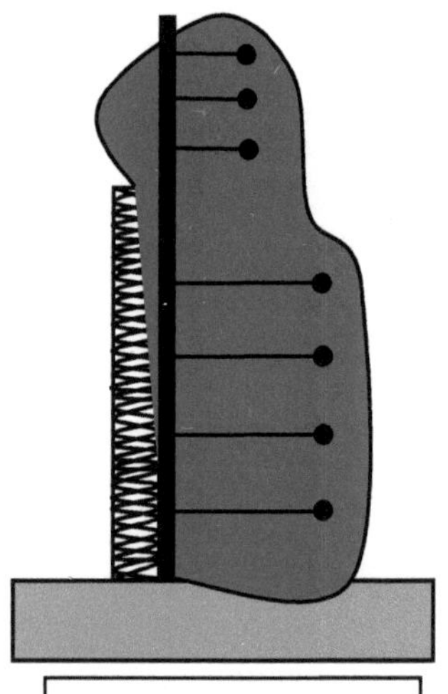

Perifield M

(elektr. Feld)

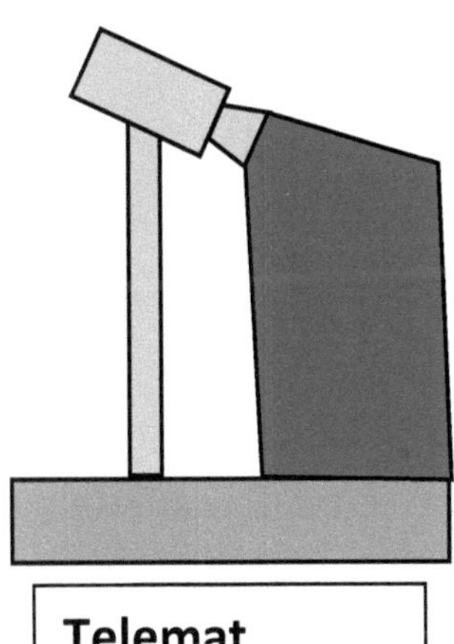

10.30 Durchlässe – Durchfahrtsperren

- Handschranke
- Schrankenanlage
- Sperrpfosten/ Poller
- Segmentsperre
- Tyrekiller

10.31 Einfriedungen

- Mauer
- Holzzaun
- Maschendrahtzaun
- Bauzaun
- Stahlgitterzaun
- Streckmetallzaun

Dreiarm-Drehsperre:

…werden oft innerhalb von Gebäuden eingesetzt, um Personenströme zu vereinzeln. Meistens sind diese kombiniert mit Chips oder Wertkarten (z.B. Messe, Stadion etc.). Sie haben einen recht hohen Personendurchsatz.
Erschwerung für Kinder oder Menschen im Rollstuhl.

Schwenktüren:

Die Schwenktüren sind meist dazu da eine optische Trennung zu schaffen oder zu verhindern, dass sich Personen entgegen der angedachten Richtung bewegen. Schwenktüren haben meist keinen Unterkriechschutz, dieser kann aber gegebenenfalls nachgerüstet werden. Schwenktüren werden oft in Supermärkten, manchmal auch an Flughäfen eingesetzt.

Drehkreuz:

Ein Drehkreuz ist eine sehr sichere und stabile Personenvereinzelungsanlage. Durch wetterbeständige Materialien sind Drehkreuze gut geeignet für den Einsatz im Außenbereich. Meistens sind Drehkreuze mit einem Übersteig- und Unterkriechschutz ausgestattet und erhöhen so den Widerstandswert.

Drehtür:

Die Drehtür wird im Eingangsbereich von Einkaufszentren, Möbelhäusern, Hotels oder Banken eingesetzt. Drehtüren verhindern starke Luftzirkulation im Inneren des Gebäudes. Außerdem ist dies eine sehr elegante Lösung Personenströme zu verlangsamen, kontrollieren und zu vereinzeln. Bei Gefahren, wie einem möglichen Brandfall, können Drehtüren eingeklappt werden, um einen größeren Fluchtweg zu schaffen.

Personenschleuse:

Die Personenschleuse ist eine der sichersten Personenvereinzelungsanlagen. Ihre Funktionsweise ähnelt einem Schleußen System und ist meist mit diversen elektronischen Zutrittskontrollsystemen ausgestattet (z.B. biometrische Sensoren). Die Personenschleuse kommt meist in Datenschutzräumen und Wertschutzräumen zum Einsatz und schützt vor unberechtigtem Zutritt.

➔ Biometrische Sensoren
  ➢ Gesichtsfelderkennung
  ➢ Iris-/ Netzhautscanner
  ➢ Sprachsensor
  ➢ Fingerabdrucksensor
  ➢ Handvenenscanner
  ➢ Körperscanner
  ➢ Schriftscanner

10.33 Identifikationsverfahren (Mitarbeiterausweis)

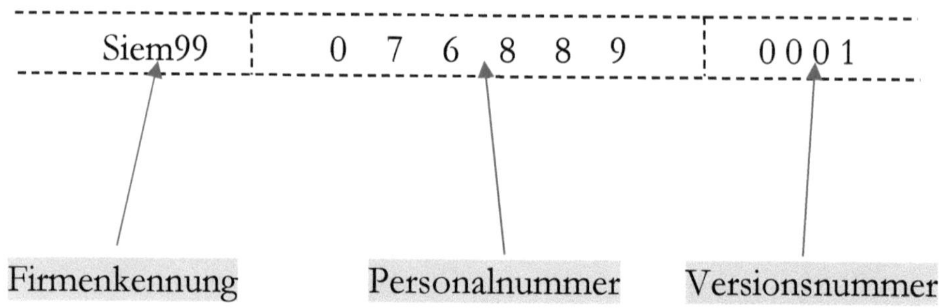

10.34 Berührungslose Zugangsberechtigung

- Berührungslose Übertragung von Daten
- Türen lassen sich bis auf eine Distanz von 60 cm öffnen
- Die Zugangskarte kann in der Tasche bleiben
- Antenne kann unter dem Putz montiert werden
- Programmierung der Berechtigungsdaten über Handterminal oder PC
- Gespeicherte Daten bleiben bei Stromausfall erhalten

10.35 Rollzapfen/ Pilzzapfen

Pilzzapfen sind Beschlagelemente, welche die gleiche Funktion wie rollzapfen erfüllen sollen, gleichzeitig aber höhere Einbruchhemmung aufweisen. Wenn wir die Rollzapfen mit der Form eines I vergleichen, dann haben die Pilzzapfen die Form eines T. Dadurch bekommen diese Zapfen ihre pilzförmige Erscheinung.

Rollzapfen sind Elemente eines Fensterbeschlags. Sie dienen zum Verriegeln und luftdichten Abschließen der Flügeltür gegen den Fensterrahmen. Rollzapfen haben ihren Namen durch ihren rollenförmigen Aufbau. Das Abrollen dieses Beschlagelements soll Reibungen verhindern und damit einen Verschleiß vorbeugen. Rollzapfen sind schon lange der Standard in der Beschlagtechnik, weisen allerdings keine hohe Einbruchhemmung auf.

10.36 Schließanalgen

Generalschlossanlage	Zentralschlossanlage	Generalhauptschloss-anlage
Es gibt einen Schlüssel, mit dem man alle Schließzylinder aufschließen kann. Diesen Schlüssel bekommt z.B. der Hausmeister oder der Alarmverfolger vom Sicherheitsdienst.	Es gibt mehrere verschiedene Schlüssel, mit denen man einen Schließzylinder aufschließen kann. Zentralschlossan-lagen finden meist in Mehrfamilienhäusern Verwendung. z.B. Jeder kann mit seinem Schlüssel Gemeinschaftsräume aufschließen, zur eigenen Wohnung passt jedoch nur der eigene.	Es gibt mehrere Schlüssel in einem hierarchischen System. Jeder bekommt nur den Schlüssel, für den er berechtigt ist. So unterscheiden wir in Generalhauptschlüssel, Hauptgruppenschlüssel, Gruppenschlüssel und Einzelschlüssel. z.B. kann der Leiter einer Büroabteilung mit seinem Schlüssel alle Büros schließen, der jeweilige Mitarbeiter nur sein eigenes Büro.

10.37 Generalschlossanlage

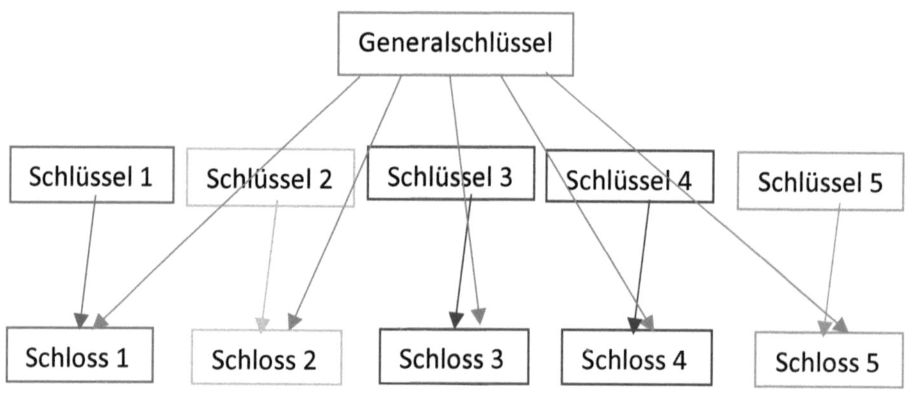

10.38 Zentralschlossanlage

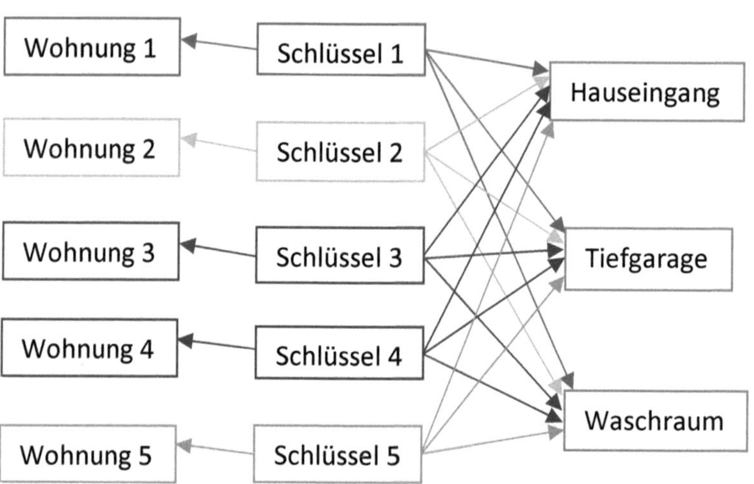

10.39 Generalhauptschlossanlage

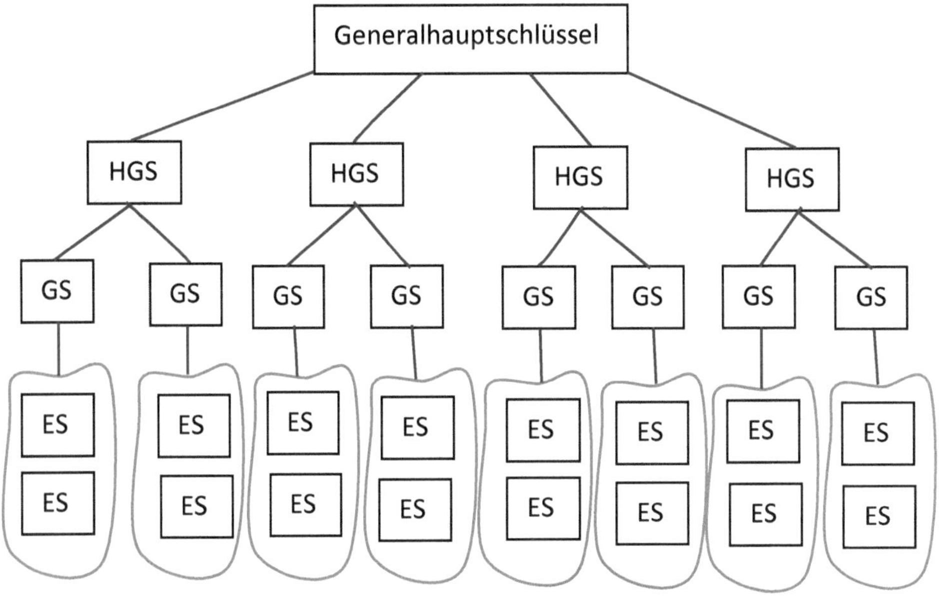

10.40 Video-/ Kameraüberwachung

Die Videoüberwachung ist ein wichtiger Bestandteil in der
Sicherheitswelt geworden. Am bekanntesten ist der Einsatz von
Kameras, wenn Ladendetektive mögliche Täter vom Bildschirm
aus beobachten. Auch bei größeren Werksgeländen kommt
häufig eine Kameraüberwachung zum Einsatz.

Solch ein Überwachungssystem besteht in der Regel aus
einer **Aufnahmeeinheit** (Kamera),
einer **Verarbeitungseinheit** (Server der die Bilder/Videos
weiterleitet) und einer **Ausgabeeinheit** (Bildschirm, Fernseher
etc.).

Man braucht: Überdachung, Frostwächter, Licht, geeignete Stelle, Strom- und Datenkabel oder Ethernet Kabel, unsichtbaren Kabelkanal

Von Kameras gibt es verschiedene Arten. Einfache Überwachungskameras, Infrarot-Nachtsichtkameras, Wärmebildkameras etc.